NATURWISSENSCHAFTLICHE ERKENNTNIS UND IHRE METHODEN

VON

M. HARTMANN UND W. GERLACH
BERLIN-DAHLEM MÜNCHEN

BERLIN
VERLAG VON JULIUS SPRINGER
1937

ISBN-13: 978-3-642-98600-0 e-ISBN-13: 978-3-642-99415-9
DOI: 10.1007/978-3-642-99415-9

ERWEITERTE SONDERAUSGABE AUS
„DIE NATURWISSENSCHAFTEN", 1936, HEFT 45 UND 46/47.

Vorwort.

Die beiden Vorträge, die hier gemeinsam erscheinen, wurden auf der diesjährigen Tagung der Gesellschaft Deutscher Naturforscher und Ärzte in Dresden an zwei aufeinanderfolgenden Tagen gehalten: der erste am 21. September in der gemeinsamen Hauptsitzung, die dem Thema: „Biologie und Medizin“ gewidmet war, der zweite am 22. September in der naturwissenschaftlichen Hauptgruppe.

Der erste erörtert rein *wissenschaftstheoretisch* die methodologischen Grundlagen der Biologie (die zugleich die Grundlagen der gesamten Naturwissenschaften sind) und erläutert sie kurz an Beispielen der Biologie, besonders an der Entwicklung der Chromosomentheorie der Vererbung. Das Wesentliche der Ausführungen besteht in dem Nachweis, daß bei jeder biologischen (jeder naturwissenschaftlichen) Forschung induktives und deduktives Schließen sowohl stets miteinander wie auch stets mit Analysen und Synthesen zusammenwirken.

Der zweite Vortrag behandelt an ausgesuchten Beispielen der Entwicklung der Physik in den letzten 80 Jahren das Zusammenwirken von Theorie und Experiment und zeigt, wie beide sich gegenseitig befruchten und vorwärtstreiben. Die hier vorliegende Fassung ist wesentlich umfangreicher als die vorgetragene und auch an einigen Stellen gegenüber dem Abdruck in den „Naturwissenschaften“ geändert. Die Erweiterung betrifft wesentlich die zur Begründung herangezogenen Beispiele, welche teils aus der klassischen, teils aus der neueren Physik genommen sind. Hinsichtlich der Probleme der Gegenwart war eine starke Beschränkung notwendig: die Gegenwart kann uns keinen Beweis für die Richtigkeit einer Arbeitsmethode liefern, weil uns das Urteil über die Bewährung vieler neugewonnener Anschauungen fehlt; das gilt ganz besonders für ihre erkenntnistheoretische Bedeutung. Die Ergebnisse, zu welchen dieser Vortrag kommt, sind durch rein *wissenschaftsgeschichtliche* Vorarbeiten, durch eingehende Beschäftigung mit dem physikalischen Schrifttum des letzten Jahrhunderts und nicht mit wissenschaftsphilosophischen Schriften gewonnen worden.

Sowenig die beiden Vorträge, äußerlich betrachtet, zusammenzugehören scheinen, so hatten doch wohl die meisten Hörer den Eindruck, daß der zweite Vortrag die am Tage vorher erörterten methodologischen Grundlagen der Naturforschung, besonders das Verhältnis von Analyse (Experiment) und Synthese (Theorie) nun in breiter Ausführung an der Entwicklung der Physik in rein naturwissenschaftlicher Weise aufzeigte und dadurch noch eindringlicher zur Darstellung brachte. Es schien so, als ob wir beiden Redner uns vorher eingehend miteinander verabredet und die Rollen genau verteilt hätten. Das war jedoch durchaus nicht der Fall. Keiner von uns wußte vorher, wie der andere seinen Vortrag gestalten würde. Um so erfreulicher war die einheitliche methodologische Haltung, die in beiden Vorträgen in so starkem Maße zum Ausdruck kam. Die dadurch sichtbar werdende Tatsache, daß in beiden so verschieden gearteten Naturwissenschaften die wirklich fruchtbaren und dauerhaften wissenschaftlichen Erkenntnisse durch die gleiche methodologische Haltung gewonnen werden, darf man wohl als ein Zeichen dafür ansprechen, daß die naturwissenschaftliche Forschung auf dem rechten Wege ist. Da auf diese Weise die innere Zusammengehörigkeit der beiden Vorträge sich ergab, so haben wir der Anregung, die von verschiedenen Seiten, nicht zuletzt von der Verlagsbuchhandlung Julius Springer an uns erging, die beiden Vorträge zusammen als Broschüre erscheinen zu lassen, gern Folge geleistet. Mögen sie auf diese Weise dazu beitragen, auch einem größeren Kreis die Einheit der Forschungsmethode auf allen Gebieten der Naturwissenschaften zum Bewußtsein zu bringen.

München, Physikalisches Institut der Universität.
Berlin-Dahlem, Kaiser Wilhelm-Institut für Biologie.
Januar 1937.

WALTHER GERLACH. MAX HARTMANN.

Inhalt.

Seite

Wesen und Wege der biologischen Erkenntnis.
Von Max Hartmann, Berlin-Dahlem 1

Theorie und Experiment in der exakten Wissenschaft.
Von Walther Gerlach, München 22

Wesen und Wege der biologischen Erkenntnis.

Von

Max Hartmann, Berlin-Dahlem.

Die Biologie ist eine im Vergleich zur Physik sehr junge Wissenschaft und hat es mit Naturkörpern von ungeheuerer Komplikation des Aufbaues und der Verrichtung zu tun. Dazu kommt eine Mannigfaltigkeit der Formen von einem Ausmaß, hinter dem alle anderen, nichtlebenden Naturkörper weit zurückbleiben. Aus diesen Gründen ist es nicht verwunderlich, daß noch vielfach Unklarheit herrscht über die Wege und Methoden, die auf dem Gebiete der Biologie zu wissenschaftlicher Erkenntnis führen. Erschwert wird eine Einsicht und Klarheit in diesen Fragen noch dadurch, daß heute eine antimechanistische, teils vitalistische, teils organismische, rein spekulative Theorienbildung überhandnimmt, die zwar als Reaktion auf die verflossene Periode einseitiger und oberflächlicher materialistischer Geisteshaltung psychologisch verständlich ist, aber nun in umgekehrter Richtung wie diese weit übers Ziel schießt. Während die materialistische Theorienbildung der verflossenen Periode die eigentlichen Methoden der Forschung meist unberührt ließ und nur falsche weltanschauliche Schlüsse aus den wissenschaftlichen Ergebnissen zog, werden jetzt von einer vielfach anerkennenswerten, mehr oder weniger idealistischen Weltanschauung aus falsche Methoden in die Wissenschaft selbst hineingetragen. Mit Schlagworten wie Ganzheit, Sinn, biologische Weltauffassung werden angeblich neue biologische Einsichten verkündigt, die in Wirklichkeit keine sind und durch die nur der klare Verstand und die wirkliche Einsicht umnebelt wird. Dringend nötig erscheint daher eine eingehende kritische Prüfung der Wege und Methoden, durch die wirkliche, wissenschaftliche biologische Erkenntnisse gewonnen werden, d. h. Erkenntnisse, denen Dauer zukommt und die auch bei weiterschreitender

Wissenschaft nicht völlig wertlos werden, sondern nur in umfassenderen Einsichten aufgehen.

Die zunächstliegende Aufgabe der Biologie ist es, in die ungeheure Mannigfaltigkeit ihrer Objekte und deren Verrichtungen Ordnung und System zu bringen und diese Objekte und ihre Verrichtungen näher zu beschreiben oder, besser gesagt, zu *kennzeichnen*[1]. Das geschah und geschieht durch die *vergleichende Methode*, die in wissenschaftlicher Hinsicht als *generalisierende oder reine Induktion* zu bezeichnen ist. Bei ihr werden durch Vergleich von Ähnlichkeiten und Verschiedenheiten der organischen Formen, ihrer Teile und ihrer Verrichtungen die Organismen selbst, ihre einzelnen Teile und ihre Verrichtungen in ein System von allgemeinen Begriffen und allgemeinen Aussagen gebracht. Dieser wissenschaftliche Fortgang vom *Besonderen, Einzelnen* zum *Allgemeinen* setzt aber immer bereits Allgemeinbegriffe voraus, unter die das Besondere eingereiht werden kann. Es wäre nicht möglich, vom Besonderen zum Allgemeinen fortzuschreiten, wenn nicht schon eine allgemeine innere Gesetzmäßigkeit vorausgesetzt werden könnte. Diese Verallgemeinerung ist nicht erschließbar und beweisbar; sie beruht auf der „*Ordnungsvoraussetzung der Naturwirklichkeit*", der *Voraussetzung* „*der Begreiflichkeit der Natur*", wie HELMHOLTZ das genannt hat. Diese logische Voraussetzung eines Allgemeinen betrachten wir mit BRUNO BAUCH[2] als das *deduktive Moment der generalisierenden Induktion*, das mit jeder Induktion verbunden ist. Induktion und Deduktion sind, wie A. RIEHL, B. BAUCH und andere Logiker ausgeführt haben, nur *zwei verschiedene Wegrichtungen eines einheitlichen Methodengefüges*, die ständig ineinander über greifen und „ein einheitliches logisches Ganzes"[3] bilden. Im tatsächlichen Naturerkennen wirken sie stets zusammen, nur tritt vielfach bald die eine, bald die andere Seite in den Vordergrund.

Aber jedes induktive Verfahren ist nicht nur mit deduktiven Schlüssen streng gekoppelt, sondern auch zugleich immer mit

---

[1] Diese treffende Bezeichnung hat UNGERER vorgeschlagen. Der Aufbau des Naturwissens. In: Die Pädagogische Hochschule. Jahrg. 2. 1930.

[2] BR. BAUCH, 1911, Studien zur Philosophie der exakten Wissenschaften, Heidelberg, u. 1923, Wahrheit, Wert, Wirklichkeit. Leipzig. S. 333 u. f.

[3] BR. BAUCH (1923) S. 348.

Analysen und *Synthysen*. Alle organischen Körper, ihre Teile und ihre Verrichtungen treten uns als *besondere Ganzheiten*, als etwas *harmonisch, gesetzlich Zusammengesetztes*, also etwas *Synthetisches* gegenüber; und um von diesen besonderen Ganzen, von den besonderen organischen Körpern zu allgemeinen Begriffen, von den besonderen Vorgängen zu allgemeinen Gesetzen zu gelangen, müssen die einzelnen Körper und Vorgänge, sei es tatsächlich oder nur gedanklich, in Glieder und einzelne Teile zerlegt werden, da nur auf diese Weise in der darauffolgenden Synthese der Begriff des Subsumtionsallgemeinen zu gewinnen ist. Nur auf diesem Wege kann von den besonderen Naturwirklichkeiten zu allgemeinen Begriffen fortgeschritten werden, und nur so können Gesetzmäßigkeiten des Ganzheitsaufbaues organischer Formen und ihrer Verrichtungen erkannt und hypothetisch formuliert werden. Einige konkrete Beispiele mögen uns den methodischen Gang näher erläutern.

Wenn ein Zoologe vor die Aufgabe gestellt wird, eine große Anzahl einheimischer Molche zu klassifizieren, so verfährt er in der Weise, daß er die verschiedenen Tiere faktisch oder gedanklich in ihre Einzelheiten zerlegt und diese Einzelheiten miteinander vergleicht. Dabei stellt er fest, daß eine größere Anzahl Tiere in fast all diesen Einzelheiten mehr oder minder gleich ausgebildet ist, subsumiert alle diese Tiere unter einen allgemeinen Begriff, einen Artbegriff, und er bezeichnet sie als eine besondere Art, sagen wir als den Kammolch, *Triton cristatus*, während eine andere Gruppe zwar in den Hauptmerkmalen gleich ist, aber gewisse konstante Abweichungen (in der Färbung usw.) zeigt und demnach als eine andere Art derselben Gattung, als *Triton taeniatus*, bezeichnet wird. Das vorhin aufgezeigte *vierfache Methodengefüge der generalisierenden Induktion, bei dem induktives und deduktives Schließen stets mit analytischem und synthetischem Verfahren verknüpft sind*, ist an diesem einfachen Beispiel ohne weiteres erkennbar. Durch Analyse von Ganzheiten, in unserem Falle tierischen Individuen, werden die wesentlichen Gleichheiten und Verschiedenheiten festgestellt und die einander gleichenden Individuen synthetisch unter den allgemeinen Begriff der bestimmten Art gebracht. Diese Kennzeichnungen der einzelnen Arten sind keine einfachen Beschreibungen der betreffenden Formen, die nur der Wiedererkennung derselben dienen. Jedenfalls soll eine gute

Artbeschreibung nicht nur das sein, sie soll vielmehr die *wesentlichen Züge* erfassen, die der *Übereinstimmung* sowohl wie die der *Unterscheidung* von den anderen Arten derselben Gattung.

Die Induktion führt also zunächst zu *Kennzeichnungen*, zum *Herausstellen der Wesenszüge* der biologischen Naturkörper, und faßt sie in allgemeinen Begriffen, in diesem Falle *Art*begriffen, zusammen. Das ist nicht nur in der Systematik so, wo auf dieselbe Weise die höheren systematischen Begriffe, die Gattungs-, Familien-, Ordnungsbegriffe usw., gebildet werden, sondern dasselbe Verfahren findet auch Anwendung in der vergleichenden Anatomie und der vergleichenden Physiologie. So gewinnt der vergleichende Morphologe, der ja auch immer nur von besonderen Ganzheiten ausgehen kann, nach vorausgegangener Analyse der einzelnen Organismen und ihrer Organe in dem darauffolgenden synthetischen Verfahren seine Begriffe der homologen Organe. Auf diese Weise werden z. B. nach vorausgegangener Analyse der Skeletteile verschiedener Wirbeltiergruppen die Kiemenbögen der Fische in ganz bestimmten Kopfknochen anderer Wirbeltierordnungen wiedererkannt und als mit ihnen homolog bezeichnet, oder es wird als typisch für alle Chordaten, vom *Amphioxus* bis zum Menschen, das Vorhandensein von Achsenorganen, ein Achsenskelett und ein dorsal darüber angeordnetes Zentralnervensystem, festgestellt, selbst wenn die einzelnen Organismen so verschieden sind wie ein kleiner wurmartiger *Amphioxus* und ein großes Säugetier. Oder es wird mit dieser Methode festgestellt, daß die Teile des Stechrüssels der Stechmücken den 3 kauenden Mundgliedmaßen einfacherer Insekten entsprechen, daß sie ihnen wesensgleich, homolog sind, und daß diese 3 Mundgliedmaßen wiederum den Spaltfüßen einfacher Krebse und diese gar den zweigeteilten Parapodien von Borstenwürmern entsprechen.

Die auf solche Weise gewonnenen Begriffe und Aussagen sind nun — und das ist eine außerordentlich merkwürdige Erscheinung — keine leeren äußerlichen Klassifikationsbegriffe, wie man etwa in einer Registratur ein willkürliches Ordnungsschema aufstellt, um die verschiedenen Eingänge für den Gebrauch bequem einzureihen. Sie sind nicht nur, wie der Positivismus behauptet, bequeme Konventionen und Ordnungsmittel zur Registrierung der Mannigfaltigkeit, sondern in ihnen wird trotz aller Mängel und Unzulänglichkeiten, die besonders zu Beginn der Forschung unvermeidbar sind, trotz des vielfach provisorischen Charakters ein hoher Gehalt innerer Gesetzmäßigkeiten objektiv erfaßt, falls bei diesen Kennzeichnungen es wirklich gelungen ist, die *Wesenszüge* der betreffenden Naturerscheinungen herauszustellen. Daß dieses scheinbar so vage logische Verfahren der generalisierenden Induktion, das doch zunächst nur hypothetische Aussagen allgemeiner Art zuläßt, zu gesicherten Erkenntnissen führen kann, zeigen die obengenannten Beispiele. Es besteht bei den Zoologen nicht der geringste Zweifel, daß gewisse Schädelknochen der höheren Wirbeltiere den Kiemenbögen der Fische homolog sind, die Teile des Stechrüssels der Stechmücke den kauenden Mundgliedmaßen anderer Insekten oder daß die Walfische nicht bei den Fischen, sondern bei den Säugetieren eingereiht werden müssen.

Daß dem so ist, daß diese induktiv gewonnenen Begriffe und Sätze eine sichere wissenschaftliche Erkenntnis bedeuten, kommt aber nur daher, daß mit dem induktiven Verfahren fortgesetzt Analysen und Synthesen verknüpft sind. Bei der weiteren Einordnung von besonderen Fällen unter allgemeine Begriffe werden im Fortschreiten der wissenschaftlichen Arbeit stets weitere besondere Ganzheiten durch das analytisch-synthetische Verfahren bearbeitet, analytisch zerlegt und synthetisch aufgebaut. Auf diese Weise werden die *Wesenszüge* immer besser und schärfer herausgearbeitet und dadurch fortgesetzt neue Elemente der Rechtfertigung des induktiven Schlusses beigebracht. Das analytisch-synthetische Verfahren bildet dadurch die logische Grundlage, die das induktive Fortschreiten vom Besonderen zum Allgemeinen sichert und ermöglicht, auf ihm beruht die erkenntnisstiftende Funktion des induktiven Schlusses. Nicht durch die rein zahlenmäßige Vermehrung der Fälle im Sinne einer statistischen Wahrscheinlichkeit wird bei Häufung der Einzelfälle die Wahrscheinlichkeit und Sicherheit des induktiven Schlusses erhöht, sondern nur dadurch, daß mit der Vermehrung der Fälle *fortgesetzt neue Analysen und Synthesen verbunden sind*, wodurch weitere Einblicke in die Konstitution der besonderen Ganzheiten der einzelnen Fälle gewonnen und damit die Wesenszüge mit immer größerer Sicherheit erkannt werden[1].

[1] Diese Theorie der Induktion ist ausführlicher begründet in meinem Aufsatz: Analyse, Synthese und Ganzheit in der Biologie. Sitzgsber. preuß. Akad. Wiss. Berlin, 1934.

Je mehr und je genauer Einzelfälle biologischer Erscheinungen, seien es Strukturen oder Vorgänge, analysiert werden, um so sicherer können die Wesenszüge erkannt werden und um so sicherere Ergebnisse liefert die vergleichende Methode, die generalisierende Induktion. Werden umgekehrt zu *wenig* Fälle verglichen, und werden vor allem die Fälle *nicht genügend analysiert*, so kann die generalisierende Induktion zu ganz falschen Verallgemeinerungen und falschen Schlüssen gelangen, indem aus äußeren und nebensächlichen Ähnlichkeiten auf Wesensgleichheit geschlossen wird und innerlich ganz heterogen konstituierte Erscheinungen unter gleiche allgemeine Begriffe eingeordnet werden. Dann führt die generalisierende Induktion nur zu vagen, wissenschaftlich meist wertlosen Analogien, und darin liegt eine große Gefahr bei der Anwendung dieser Methode, besonders zu Beginn der Erforschung eines Gebietes und bei ihrer Handhabung durch unkritische Forscher. Diese Gefahr kann nur durch gründliche Analyse weiterer, in Einzelheiten abweichender Fälle der gleichen Art überwunden werden, weil nur so die Wesenszüge sichtbar werden. Die meisten wissenschaftlichen Streitigkeiten in der Biologie haben ihren Grund in solch verfehlten, rein analogienhaften Verallgemeinerungen und Schlüssen, die mangels ungenügender Analyse bei der reinen Induktion leider sehr häufig sind.

Wenn dagegen die wissenschaftliche Bearbeitung mit weiterer Analyse in die biologischen Sachverhalte immer tiefer eindringt, so gewinnen die durch generalisierende Induktion gewonnenen Begriffe noch stärkere synthetische Funktion und können direkte Erkenntnis von den konstitutiven kausalen Zusammenhängen zwischen den analysierten Teilen vermitteln, die sie zu einem wirklichen Ganzen zusammenfügen. Ja es können durch die Anwendung dieser Methode bei starker und gleichmäßiger Beteiligung von analytischem und synthetischem Verfahren bereits richtige kausale Erklärungen erzielt werden, wenn auch zunächst nur von hypothetischem Charakter. Das ist nicht nur bei der Betrachtung und Beschreibung von Verrichtungen, den „Funktionen“ der Organismen und ihrer Organe der Fall, wobei schon durch das Wort „Funktion“ der kausal-funktionale Charakter der analysierten Teile ohne weiteres zutage tritt, sondern auch bei den morphologischen Begriffen und Urteilen. Haben die Beschreibungen wirklich die *Wesenszüge der Erscheinungen* erfaßt, sind somit die Kenn-

zeichnungen richtig formuliert, so geben sich in diesen Kennzeichnungen und Aussagen *Gesetzmäßigkeiten* kund, wenn sie auch am Beginn der Forschung vielfach noch nicht klar gesehen werden. Im weiteren Fortschritt führen aber diese Kennzeichnungen früher oder später auch auf morphologischem Gebiet zu physiologisch-kausalen Betrachtungen und kausalen Problemstellungen. Auf diesem Wege endet im Fortschreiten des Erkenntnisprozesses der generalisierenden Induktion somit letzlich jede morphologische Begriffsbildung in eine physiologisch-kausale Problemstellung. Die generalisierende Induktion vermag dadurch bis zur Aufstellung wirklicher Gesetzeszusammenhänge, bis zu echten Erklärungen vorzudringen. Ja sogar *allgemeine* umfassende biologische Theorien, wie die beiden großen Theorien des 19. Jahrhunderts, die *Zelltheorie* und die *Deszendenztheorie*, sind mit rein generalisierender Induktion gewonnen worden.

Wie im konkreten Fall das möglich ist, sei an dem Beispiel der Chromosomentheorie der Vererbung dargestellt. Die Gründer der Zelltheorie hatten festgestellt, daß alle Organismen entweder den Formwert einer einzigen Zelle besitzen oder aus vielen, unter Umständen vielen Tausenden von Einzelzellen aufgebaut sind, deren jede einen Zelleib und einen Zellkern besitzt. BOVERI hat nun in den 80er Jahren durch sehr genaue, vergleichende Beobachtungen ermittelt, daß jede Tier- und Pflanzenspezies in ihren Zellkernen normalerweise eine ganz bestimmte Zahl von Chromosomen aufweist, die gewöhnlich nur bei der Kernteilung zu beobachten sind, und daraufhin das sog. *Gesetz der Zahlenkonstanz der Chromosomen* aufgestellt. Aus der Übereinstimmung der Bilder, die die Frühstadien der Kernteilung des Wurmes *Ascaris* mit den Spätstadien der vorausgegangenen Teilung aufwiesen, schloß er dann, daß die Chromosomen während der sog. Ruheperiode des Kernes ihre Sonderexistenz nicht aufgeben, sondern als *Individuen* erhalten bleiben und baute diese Auffassung durch weitere Beobachtungen und Analysen zu einer wohlbegründeten *Individualitätstheorie der Chromosomen* aus. Weitere vergleichende Untersuchungen über das Verhalten der Chromosomen bei der Befruchtung sowie bei der der Befruchtung vorausgehenden Reife- oder Reduktionsteilung von O. HERTWIG, BOVERI u. a. haben weiterhin gezeigt, daß man dieses Verhalten kausal mit den Vererbungserscheinungen in Verbindung bringen kann. Denn diese Strukturen und ihr Verhalten bei Befruchtung und Reduktion können hypothetisch als die Träger von Erbanlagen angesprochen werden, die bewirken, daß die Nachkommen gleichartiger Eltern ihnen gleich sind. Diese Strukturen entsprechen also ganz den Forderungen, die man deduktiv von einer Vererbungssubstanz fordern mußte. Um die Jahrhundertwende sind nun durch die experimentelle Vererbungsforschung auf dem Wege der sog. exakten Induktion, deren Wesen wir noch kennenlernen werden, die MENDELschen Vererbungsgesetze ermittelt worden, die allerdings zunächst nur statistische Gesetze darstellen. BOVERI und SUTTON haben dann 1902 unabhängig voneinander auf dem Wege rein vergleichender Methode gezeigt, daß diese Vererbungsgesetze kausal erklärt werden könnten durch das Verhalten der Chromosomen bei der Befruchtung und Reduktionsteilung, was bis in die Einzelheiten durchgeführt werden konnte. Diese Aufstellung einer völlig ausgearbeiteten Chromosomentheorie der Vererbung brachte die Ergebnisse der Zellenlehre und der experimentellen Vererbungslehre, zweier bis dahin völlig getrennter Disziplinen, zunächst nur gedanklich in kausalen Zusammenhang, war also Synthese mittels generalisierender Induktion und trug daher zunächst noch hypothetischen Charakter. An diesem Beispiel ist ersichtlich, wie eine wohlbegründete kausale Theorie, die verschiedene Gebiete der Biologie miteinander verknüpft, allein durch generalisierende Induktion, auf vergleichendem Wege gewonnen werden kann.

Die Formulierung solcher Gesetzmäßigkeiten mittels generalisierender Induktion bleibt jedoch vorläufig immer hypothetisch. Sie lassen sich zwar durch weitere Analysen und Synthesen immer wahrscheinlicher machen. Aber auf diesem Wege können sie *nie exakt bewiesen* werden, und so ist es verständlich, daß auch noch nach 1902 die Chromosomentheorie der Vererbung bei einer Reihe von Biologen scharfe Ablehnung fand.

Nur die Verknüpfung der generalisierenden Induktion, der vergleichenden Methode, mit der *exakten Induktion*, der *kausalanalytischen, experimentellen Methode*, die GALILEI zugleich mit der Entdeckung des Fallgesetzes aufgefunden hatte, vermag diesen letzten Erkenntnisschritt, vermag eine sichere Beweisführung zu erbringen. Bei dieser Methode ist das eingangs geschilderte vierfache Methodengefüge von Induktion, Deduktion, Analyse, Synthese noch fester und strenger in sich verbunden. Zunächst werden auch hier besondere Ganze durch Analyse in Teile zerlegt und diese dann synthetisch zum gesetzmäßigen Ganzen konstituiert. So wird zum Subsumtionsallgemeinen fortgeschritten, das Gesetz des Ganzheitsaufbaues des Systemgefüges hypothetisch formuliert, also genau wie auf der höchsten Stufe der generalisierenden Induktion. Aber nun kommt noch ein Neues hinzu. Von dem angenommenen hypothetischen Kausalzusammenhang wird nun *deduktiv, also umgekehrt vom Allgemeinen wieder zum Besonderen schreitend, ein neuer spezieller Fall abgeleitet, und zwar unter eingeschränkten, vereinfachten Bedingungen.* Dieser *konstruierte Einzelfall*, das neue besondere Ganze, wird durch *Experiment* unter Beweis gestellt, worauf nun in rücklaufender Bewegung das zunächst hypothetisch angenommene Allgemeine als *allgemeines Gesetz* bewiesen und so *durch die Analyse eines einzigen Falles die gesetzliche Konstitution aller besonderen Ganzheiten und Zusammenhänge der gleichen Art dargetan wird.*

Auch dieses wissenschaftliche Verfahren läßt sich in klarer Weise an der Chromosomentheorie der Vererbung und ihrer Verknüpfung mit der experimentellen Vererbungslehre aufzeigen. Die Theorie von BOVERI und SUTTON war aufgebaut auf die damals allein vorliegenden Vererbungsversuche an höheren Tieren und Pflanzen, die in ihrem komplizierten Entwicklungsablauf stets 2 Chromosomengarnituren aufweisen. Es gibt nun in weiterer Verbreitung bei Protisten, Algen und Pilzen weit einfachere Entwicklungsabläufe, bei denen die ganze vegetative Phase der Entwicklung (oder ein größerer Teil derselben) nur *eine* Chromosomengarnitur besitzt und die Reduktionsteilung direkt nach der Befruchtung (oder bei einer ungeschlechtlichen Fortpflanzung) sich abspielt. Aus der Theorie und den bis dahin allein bekannten MENDELschen Vererbungsgesetzen bei den höheren Organismen ließ sich nun deduktiv ableiten, daß die MENDELsche Aufspaltung bei diesen sog. haploiden Organismen an ganz anderer Stelle des Entwicklungsablaufes, nämlich direkt bei der Keimung der Zygote und nicht erst bei der 2. Tochtergeneration sich abspielen, und daß die Aufspaltung bei Monohybridismus nicht im Verhältnis 1 : 2 : 1 bzw. 3 : 1, sondern im Verhältnis 1 : 1 eintreten müsse. Würden, so schloß man, bei Bastardierung von haploiden Organismen diese Erwartungen eintreffen, so wäre auf diese Weise experimentell, also durch exakte Induktion, die Chromosomentheorie der Vererbung bewiesen. Während meine eigenen früheren Bastardierungsversuche mit haploiden Organismen vor und während des Krieges zunächst nicht zum Ziele führten, haben Versuche von BURGEFF an Pilzen und von PASCHER an Protisten während des Krieges die ersten positiven Ergebnisse, und zwar genau in der vorausgesagten Weise, ergeben, und später hat F. VON WETTSTEIN an günstigen Objekten, an Moosen, in umfassenden Versuchen die haploide Aufspaltung vollkommen gesichert. Es ist das ein besonders durchsichtiges Beispiel der Zusammenarbeit des vierfachen Methodengefüges bei der exakten Induktion und des endgültigen experimentellen Beweises einer Theorie an einem deduktiv abgeleiteten vereinfachten Fall. Doch ist prinzipiell auch bei komplizierten Beweisverfahren in der Biologie die Methode die gleiche.

Noch in anderer Hinsicht kommt der exakten Induktion eine Überlegenheit gegenüber der generalisierenden zu. Sie ist nicht nur die bei weitem *sicherere*, sondern auch die viel *fruchtbarere* Methode, die immer wieder unerwartete neue Zusammenhänge aufdeckt, wie die ungeheuere Entwicklung zeigt, die die Physik seit der Einführung der exakten Induktion durch GALILEI genommen hat. Auch das können wir an der weiteren Entwicklung der Chromosomentheorie der Vererbung wahrnehmen. Wir hatten oben schon gehört, wie durch Verknüpfung der Zellenlehre mit der experimentellen Vererbungslehre auf dem Wege der generalisierenden Induktion eine kausale Erklärung der Mendel-Regeln gegeben und eine Chromosomentheorie der Vererbung ausgebaut werden konnte, und wie diese durch ein sehr einfaches Experiment mit haploiden Organismen, bei denen eine Reihe von Entwicklungskomplikationen wegfallen, durch exakte Induktion bewiesen wurde. Unabhängig von diesem Beweis hatten in Amerika MORGAN und seine Mitarbeiter durch Bastardierungsversuche an der Fruchtfliege *Drosophila melanogaster* auf einem ganz anderen Weg die Chromosomentheorie der Vererbung bewiesen, Versuche, die zugleich völlig unerwartete Aufschlüsse über die Lokalisation und Anordnung der einzelnen Erbfaktoren in den verschiedenen Chromosomen erbrachten. Diese Forscher fanden, daß es sehr viel mehr Erbfaktoren gibt als Chromosomenpaare, daß sie aber meist gekoppelt vererbt werden, wie das schon BOVERI vorausgesagt hatte, und daß alle diese vielen Erbfaktoren — es sind heute bereits über 500 analysiert — sich auf 4 Koppelungsgruppen verteilen, entsprechend den 4 Chromosomenpaaren. Die Koppelung der Erbfaktoren, entsprechend der Zahl der Chromosomen eines Chromosomensatzes, ist aber keine absolute: Die gekoppelten Faktoren spalten bei der Rückkreuzung von Bastardweibchen auf, aber nicht wie bei einem normalen Mendel-Versuch, sondern in viel geringerem Prozentsatz, der jedoch für bestimmte Erbfaktorenpaare ein ganz bestimmter ist. MORGAN erklärte diesen sog. *Faktorenaustausch*, der zwischen zwei Erbfaktorenpaaren in bestimmtem Zahlenverhältnis auftritt, hypothetisch durch *Austausch von Chromosomenstücken*. Die weitere Untersuchung ergab ganz bestimmte zahlenmäßige Beziehungen des Faktorenaustausches verschiedener Erbfaktorenpaare zueinander. War der Faktorenaustausch zwischen A und B und B und C bekannt, dann betrug der Faktorenaustausch zwischen A und C entweder die Summe oder die Differenz des Austausches von A:B und B:C. Diese merkwürdigen Zahlenverhältnisse erklärte STURTEVANT, einer der Mitarbeiter MORGANs, durch eine zunächst äußerst kühn anmutende Hypothese, nach der die verschiedenen Zahlenwerte des Austausches, *die Austauschprozente*, eine Folge der linearen Anordnung der Erbfaktoren des betreffenden Chromosoms und ihres relativen Abstandes in demselben seien. Diese kühne Vorstellung hat sich in Tausenden von Experimenten immer wieder bewährt, und von ihr aus konnten mit weiter fortschreitender Analyse die weiteren Ergebnisse stets mit großer Sicherheit vorausgesagt werden. Obwohl diese Theorie des Faktorenaustausches und der linearen Anordnung der Erbfaktoren nur indirekt aus den Experimenten erschlossen werden konnte, so war ihre Beweiskraft doch durch die Masse der Versuche und die Sicherheit der Voraussagen an sich schon im hohen Maße wahrscheinlich. Durch die Vererbungsanalyse an Mutanten von *Drosophila*, bei denen von dem sog. Y-Chromosom einzelne Stücke abgetrennt oder verlagert waren, hat STERN aber auch den direkten, cytologisch sichtbaren Beweis für die lineare Anordnung der Erbfaktoren erbringen können. Schließlich hat er durch andere Bastardierungsversuche mit Mutanten, bei denen die beiden Chromosomen eines Chromosomenpaares cytologisch dadurch kenntlich waren, daß dem einen ein Haken vom Y-Chromosomen angeheftet, das andere dauernd in 2 Stücke zerfallen war, den von MORGAN als Ursache des Faktorenaustausches angenommenen Chromosomenstückaustausch direkt, sowohl durch Bastardierungsexperiment als auch zugleich durch cytologische Untersuchungen bewiesen. Heute liegen derartige Beweise durch Versuche mit anderen Mutanten in großer Zahl vor. Nicht nur ist die Gültigkeit der Chromosomentheorie durch diese Versuche heute über allen Zweifel sichergestellt, sondern es sind durch dieselben auch neue, völlig unerwartete Erkenntnisse gewonnen worden. Wir kennen heute die Lage und die Anordnung von über 500 Erbfaktoren in den 4 Chromosomenpaaren von *Drosophila.* Die Verflechtung der beiden ursprünglich voneinander unabhängigen Disziplinen, der Zellenlehre und der Vererbungslehre, ist, das wissen wir heute, eine so innige, daß man aus abweichenden anormalen *Chromosomenbildern* auf ganz bestimmte, vom einfachen Mendeln abweichende *Vererbungsvorgänge,* und aus abweichenden *Vererbungsergebnissen* auf ganz bestimmte *Chromosomenverhältnisse* schließen kann.

Ich kann es mir nicht versagen, schließlich noch auf die neuesten Ergebnisse auf diesem Gebiete kurz einzugehen, die wieder Überraschungen gebracht haben. HEITZ und BAUER haben vor einigen Jahren festgestellt, daß die in den enorm vergrößerten Kernen der Speicheldrüsen gewisser Dipteren vorhandenen merkwürdigen gewundenen Schläuche, die man früher für Ruhekernstrukturen hielt, enorm in die Länge gewachsene, gewissermaßen aufgeblähte *Riesenchromosomen* darstellen, genauer gesagt konjugierte Chromosomenpaare, wie sie in der Reifeteilung zutage treten. Zugleich hatten sie auf die Möglichkeit hingewiesen, daß die an diesen Riesenchromosomen in charakteristischer Weise auftretenden Scheiben *Chromomeren* entsprechen, an die man sich die Lokalisation der Erbfaktoren vielfach geknüpft dachte. Der Amerikaner PAINTER hat Entsprechendes bei *Drosophila* beobachtet und diese Annahme im Zusammenhang mit experimentellen Mutationen, die man von *Drosophila,* hervorgerufen durch Bestrahlungen, schon seit einigen Jahren kannte, genauer geprüft. Durch die Bestrahlungen werden bei *Drosophila* experimentell *Abweichungen* an den normalen *Chromosomen* (wie Brüche, Ausfall von Stücken, Translokationen und Inversionen, d. h. Umdrehung einzelner Stücke im Chromosom) erzielt, und diese Veränderungen der Chromosomenanordnung, speziell den Ausfall kleiner Stücke und Inversionen, kann man dann durch den Bastardierungsversuch feststellen. Durch die enorme *Vergrößerung* der Chromosomen in der Speicheldrüse und den günstigen Umstand der *Paarung* der homologen Chromosomen war nun ein direkter *Vergleich* der aus den Vererbungsergebnissen nur *erschlossenen*, bis dahin wegen der Kleinheit der Chromosomen *unsichtbaren* Chromosomenänderungen mit dem Chromosomenbild möglich. Solche Ausfälle und Umstellungen kann man *direkt an den Riesenchromosomen beobachten.* So treten an den Stellen eines konjugierten Chromosomenpaares, an dem einander nicht entsprechende Erbfaktoren lagen, keine Bindungen ein, und der Ausfall der Paarung zeigt sich an solchen Stellen durch eine Schleifenbildung äußerlich an. Durch Vergleich dieser Bilder von genetisch genau analysierten Formen gelang es PAINTER, MULLER, BRIDGES u. a., bereits bekannte Erbfaktoren in ihrer Lage genau zu bestimmen, d. h. es ließ sich zeigen, daß ein bestimmter Erbfaktor in einer bestimmten Scheibe lokalisiert sein muß[1]. So sind hier durch die Kombination von generalisierender mit exakter Induktion, vergleichender und experimenteller Methode wiederum ganz unerwartete Ergebnisse erzielt worden, welche die allgemeine Theorie weiter vervollständigen und vertiefen und immer weitere Perspektiven eröffnen.

Beide Methoden, die generalisierende und die exakte Induktion, sind für den Fortschritt der biologischen Erkenntnis gleich notwendig; und wenn auch die letzte die tieferschürfende und sichere und dabei zugleich die Ergebnisreichere ist, so darf dies doch keineswegs zur Entwertung und Herabsetzung der generalisierenden Induktion führen. Das würde sich gerade in der Biologie mit ihren ungeheuer komplexen Gebilden rächen. Eine so komplexe Wissenschaft bedarf in erhöhtem Maße beim Beginn und beim Fortschreiten der Forschung immer wieder der rein phänomenologischen Betrachtung und Vergleichung der einzelnen Teilsysteme, Vorgänge usw., um die Wesenszüge der Erscheinungen und Vorgänge herauszuarbeiten. Das ist die Vorbedingung für jede wirklich ersprießliche Anwendung der exakten Induktion. Nur beide Methoden *zusammen* gewährleisten den wirklichen Fortschritt der Erkenntnis. Beide Methoden sind aber logisch begründet auf die Kategorie der *Kausalität* oder *Gesetzlichkeit* im weitesten Sinn als

[1] Vgl. PÄTAU, Naturwiss. **1935**, 537f.

der Kategorie, *die den funktionalen Zusammenhang der Erscheinungen herstellt und bedingt.*

Da es für unser menschliches Erkenntnisvermögen keine anderen Methoden gibt und geben kann als die eben erörterten beiden Arten der Induktion, so könnte ich eigentlich hiermit meine Ausführungen schließen. Aber da gerade heute von den verschiedensten Seiten die Auffassung vertreten wird, daß es noch *andere* Arten der Erkenntnis gäbe, die speziell für das biologische Gebiet bedeutungsvoll seien, so kann eine Auseinandersetzung mit diesen nicht unterbleiben. Eine solche Rolle wird vielfach der *Intuition* zugeschrieben, die, wie Grote u. a. betont haben, beim diagnostischen oder therapeutischen Handeln bedeutender Ärzte eine wichtige Rolle spielt. Das trifft ohne Frage zu. Wissenschaftslogisch betrachtet ist aber die Intuition nichts anderes als eine generalisierende Induktion an ungenügend analysiertem Material, dessen wissenschaftliche Verknüpfung nicht ohne weiteres logisch faßbar und daher nicht lehrbar ist. Die einzelnen Elemente werden dabei zu einem synthetischen Ganzen *geschaut*, ohne daß die logische rationale Begründung durchgeführt werden könnte. Eine solche *intuitive Zusammenschau*, zunächst ohne logische Rechtfertigung, spielt aber nicht nur bei dem hervorragenden Arzt, sondern nicht minder auch bei den bahnbrechenden naturwissenschaftlichen Forschern eine wesentliche Rolle. Wohl die meisten großen neuen theoretischen Zusammenhänge sind zunächst durch solche ungenügende generalisierende Induktion *intuitiv* gefunden worden. Sie tauchen plötzlich in einem Kopfe aus dem Unterbewußtsein auf und lassen sich zunächst nur ganz vage, rein hypothetisch fassen. Das wird wohl bei Weismanns Determinantenlehre, bei der Theorie über die Bestimmung und Vererbung des Geschlechts von Correns und bei Plancks Quantentheorie nicht anders gewesen sein als beim ersten Auftauchen der Theorie des Faktorenaustauschs und der linearen Anordnung der Gene von Morgan. Nur *begnügt* sich der große Naturforscher *nicht* mit der *noch unbewiesenen synthetischen Schau*, sondern sucht in mühsamer, oft jahrelanger Arbeit das geschaute Ganze, das zunächst nur hypothetisch konstruierte Bild mit konkretem Inhalt zu füllen und die logischen Lücken zu schließen. Gewiß spielen beim Finden neuer allgemeiner naturwissenschaftlicher Erkenntnisse irrationale Momente in psychogenetischer Hinsicht eine wesentliche Rolle. Aber um Wissenschaft, um Erkenntnis zu werden, müssen die hypothetisch erschauten neuen Synthesen *lückenlos rationalisiert* werden, was nur durch weitere Vergleiche und Experimente, also durch *generalisierende und exakte Induktion* möglich ist.

Nachhaltiger und häufiger noch als die Intuition werden heute für die biologische Erkenntnis die Prinzipien der *Ganzheit* und *Zielstrebigkeit* (Teleologie) als besondere, der Kausalforschung nicht nur ebenbürtige, sondern ihr überlegene Forschungsprinzipien angepriesen. Die *Planmäßigkeit* und *Zweckmäßigkeit* der Organismen, ihrer Teile und Funktionen, wird natürlich von jedem Biologen *gesehen.* Die vom forschenden und denkenden Menschen so oft gestellte Frage „Wozu?" beweist, daß Sinn und Zweckmäßigkeit, Zielstrebigkeit und Ganzheitsbeziehung von vornherein von uns allen im ganzen Geschehen *vorausgesetzt* wird. Und Planmäßigkeit und Ganzheitsbezogenheit müssen wir nicht nur für die organische, sondern auch für die leblose Natur in gleicher Weise annehmen. *Sie gilt für die Gesamtnatur, soweit sie erkennbar ist*, wie KANT in seiner Kritik der Urteilskraft an dem Prinzip der *formalen Zweckmäßigkeit* in überzeugender Weise dargetan hat. *Die Welt ist kein ungeordnetes Chaos, sondern ein wohlgeordneter Kosmos.* Und weil dem so ist, weil nicht nur Lebewesen, sondern auch Planetensysteme und Atome wohlgeordnete, ganzheitliche Systeme sind, *ist eben Naturwissenschaft überhaupt möglich.*

Nur soweit das Geschehen auf Gesetze gegründet ist, kann das Resultat von Vorgängen *vorausgesehen* und *vorausberechnet* werden. Und umgekehrt: nur soweit Kausalität und Gesetzmäßigkeit alles Geschehen beherrscht, kann *von der Wirkung auf die Ursache* geschlossen werden. Wenn wir diesen Gedanken weiter verfolgen, so zeigt sich, daß nicht nur unser logisches, die Naturwirklichkeiten ordnendes und die Folgen berechnendes *Denken und Urteilen*, sondern auch unser ganzes, die im voraus zu berechnenden Folgen *ausnützendes Handeln* von der strengen Geltung der Kausalität abhängig ist. Gebiete des Naturgeschehens, auf denen die Kausalgebundenheit fehlte, wären für uns Menschen für immer unerforschbar.

Naturwissenschaft ist Rationalisierung der Erscheinungswelt. Gäbe es in den Naturwirklichkeiten nichts gesetzlich Erfaßbares, nichts Rationales, so wäre jede Naturwissenschaft von vornherein unmöglich, weil die uns Menschen allein zur Verfügung stehenden Erkenntnismethoden der generalisierenden und exakten Induktion nicht angewandt werden könnten. Die Voraussetzung eines logisch Allgemeinen ist die Voraussetzung und Grundlage jedes induktiven wissenschaftlichen Verfahrens.

Die Behauptung der heutigen biologischen Ganzheitstheoretiker, daß das Prinzip der *Ganzheit* eine neue, bisher vernachlässigte biologische Methode liefere, die nicht nur neben den auf die Kausalität gegründeten Methoden der Induktion ihre volle Berechtigung besitze, sondern diese sogar an Erkenntnisfunktion übertreffe, ist somit nicht zutreffend. Die analytisch induktive Methode hat ja stets, wie wir eingehend sahen, sowohl Ganzheitsgebilde, Systeme als *Ausgang* wie auch zugleich als *Ziel*. Dieses Ziel, die Erkenntnis des konstitutiven Zusammenhanges der Ganzheiten und der ihnen zugrunde liegenden Gesetzlichkeiten kann aber nur nach möglichst weit getriebener Analyse in den synthetischen Teilen des induktiven Methodengefüges erreicht werden, und zwar am sichersten bei der exakten Induktion. Wenn man nun meint, ohne tiefgründige Analyse nur mit teleologischen Zweckbegriffen ein „Verständnis", eine „Erklärung" biologischer Ganzheiten geben zu können, so ist dieses durch die Aufzeigungen des Zweck- und Planmäßigen, des Ganzheitscharakters vermittelte „Verständnis" *keine Problemlösung*, sondern erst die *Problemstellung*. Und selbst die Problemstellung wird auf diese Weise nur richtig sein, wenn ihre teleologische Formulierung das *Wesentliche* erfaßt hatte. Schon derartige teleologisch gefaßten Kennzeichnungen und Problemstellungen setzen immer bereits Analysen voraus. Die Problem*lösung* kann natürlich erst recht nur nach gründlicher Analyse ermittelt werden. Der Wert derartiger Begriffe für die Naturforschung, für das Reich des Lebendigen wie für das des Leblosen ist eben der, daß sie auf die noch ungelösten, vielfach zunächst noch nicht gesehenen Probleme hinweisen und dadurch *zu den richtigen Problemstellungen führen*. Es ist erfreulich, daß Hans Driesch, der Schöpfer des Ganzheitsbegriffes, kürzlich selbst den Mißbrauch, der mit diesem Begriff heute getrieben wird, mit ähnlichen Argumenten scharf ablehnt[1]. Gewiß stellen die mit solchen Begriffen gewonnenen richtigen Kennzeichnungen und

[1] Driesch, H., 1935, Die Maschine und der Organismus. Leipzig.

richtigen Problemstellungen bereits wichtige wissenschaftliche Ergebnisse dar, und deshalb erweisen sich die Zweck- und Ganzheitsbegriffe als unentbehrliche Forschungsprinzipien, die in dem vierfachen Methodengefüge des induktiven Verfahrens ihren bestimmten Platz haben. Aber es sind nach KANT Prinzipien *heuristischer*, *regulativer*, nicht solche *konstitutiver* Art. KANT hat hierin trotz des geringen biologischen Wissens seiner Zeit scharf und richtig gesehen und das Methodenproblem der Biologie schon klarer herausgearbeitet als die modernen Ganzheitstheoretiker und Teleologen, die nur einseitig ein Moment des komplexen vierfachen Methodengefüges der Induktion herausheben.

Ohne tiefdringende analytische Arbeit, nur mit Schlagworten, wie synthetische Biologie oder biologische Ganzheit, ist noch keine einzige biologische Erkenntnis ermittelt, keine einzige tragfähige synthetische Theorie geschaffen worden. Wenn die induktive Forschung und Analyse die Ganzheiten in einzelne Teile, ihre Bausteine, zerlegt und in 99 Fällen die Zusammenhänge zunächst auseinanderreißt und scheinbar einen Haufen von *Trümmern* hinterläßt, so kann plötzlich bei der hundertsten Analyse ein genialer Forscher das Prinzip des Zusammenschlusses dieser Einzelheiten erschauen und die durch die Einzelforschung richtig behauenen *Bausteine* zu einem harmonischen Gebäude, einem systemhaften Ganzen zusammenfügen, wie die mittelalterlichen Baumeister aus den richtig behauenen Steinen ihre ragenden gotischen Dome errichteten. Während die auf verfrühte Verallgemeinerung und ungenügende Analyse aufgebauten Theorien der Haeckel-Periode wie Kartenhäuser durch die Einzelforschung hinweggefegt wurden, erwuchsen aus der mühsamen Einzelforschung selbst tragkräftige Theorien, wie die Chromosomentheorie der Vererbung, indem Forscher wie BOVERI, CORRENS und MORGAN die Prinzipien des Zusammenfügens der behauenen Bausteine — der Zellen, Chromosomen, Chromomeren und Erbanlagen — synthetisch erspürt und erkannt hatten.

Trotz aller Betonung des Ganzheitlichen, das in der Biologie, richtig angewandt, zur richtigen Kennzeichnung und zum Finden der richtigen Probleme nicht entbehrt werden kann, ist und bleibt die Kategorie der *Kausalität* auch in der Biologie die *tragende Kategorie aller Erkenntnis*, weil sie die tragende, den funktionalen Zusammenhang herstellende Kategorie in dem vierfachen Methodengefüge der Induktion darstellt. Das gilt auch für jene wissenschaftlichen Aussagen, die in starkem Maße ganzheitliche und teleologische Begriffe verwenden. Denn auch für derartige Aussagen ist die Kausalität die apriorische Bedingung, die die Herstellung funktioneller Beziehungen und damit auch derartige Aussagen ermöglicht. Sie ist auch hierbei die tragende Kategorie.

Wenn ich so mit allem Nachdruck die Bedeutung der Kategorie der Kausalität hervorhebe, so geschieht das nicht aus einer weltanschaulichen Bindung heraus, nicht aus einem dogmatischen Mechanismus oder gar Materialismus, sondern aus der *ernsthaften Prüfung der Methoden und Wege wissenschaftlicher Erkenntnis*, die unzweideutig ergibt, daß es *andere Methoden und andere Wege als die generalisierende und exakte Induktion für uns Menschen nicht gibt und nicht geben kann, und daß die teleologische Fragestellung nur einen Teil des vierfachen Methodengefüges bildet.* Planmäßigkeit, Ganzheitscharakter, Zielstrebigkeit, Systemhaftigkeit bei Naturwirklichkeiten stellen nur die Voraussetzungen dar, die ein induktives Verfahren ermöglichen. Es sind heuristische Begriffe, die zu den richtigen Kennzeichnungen und Problemstellungen führen, aber keine Problemlösungen bieten.

Die Zweckbeurteilung, die Ganzheitsbetrachtung steht somit nicht im Gegensatz zur Kausalforschung, sie ist nicht eine andere weiterführende Methode, sondern sie ist Voraussetzung, erster Schritt des Aufbaues, sie ist Vorbereitung der Kausalforschung und ermöglicht ihr weiteres Fortschreiten. Beim weiteren Fortschreiten werden aber neue Analysen und Synthesen notwendig, und dabei stellt sich oft heraus, daß der erste synthetische Ansatz nicht eine richtige Kennzeichnung und Erklärung des Geschehens zu bieten vermochte und durch andere hypothetische Ansätze synthetischer Natur ersetzt werden muß. Bei diesem Fortschreiten werden früher oder später durch die Kausalforschung selbst die heuristischen, für die Problemansätze zunächst notwendigen Ganzheitsbegriffe ausgeschieden und durch *rein kausale, Ganzheit wirklich konstituierende* Begriffe ersetzt.

Diese überragende Bedeutung der Kausalität für die naturwissenschaftliche Erkenntnis gilt aber nur für den rationalisierbaren Teil der Natur, und es soll damit nicht gesagt sein, daß es nichts *Irrationales* in der Welt gäbe. Naturwissenschaft hat es eben nur mit dem rational Erkennbaren zu tun. Daß es daneben auch Nicht-Erkennbares, Irrationales gibt, ja daß dieses Irrationale bis in unsere Erkenntnis hineingreift, hat NIC. HARTMANN in seinem tiefschürfenden Werk „Metaphysik der Erkenntnis" meines Erachtens überzeugend dargetan[1]. Und gerade von der Biologie aus stößt man auf eine Schranke, bei der das Irrationale uns unausweichbar entgegentritt, eine Schranke, die nicht überschreitbar ist. Sie tritt uns in der Frage nach dem Verhältnis des *Physischen* zum *Psychischen*, dem *Leib-Seele-Problem*, entgegen. Daß diese Frage bis heute nicht gelöst ist und nirgends auch nur ein Ansatz zu einer Lösung entdeckt werden kann, erklärt sich mit NIC. HARTMANN daraus, *daß sie überhaupt nicht gelöst werden kann*, daß das Verhältnis ein völlig *alogisches* ist, das *logisch, rational* mit den Mitteln der Wissenschaft nicht erfaßbar ist. Jeder Versuch, das Seelische aus den Prinzipien des physischen Lebens erklären zu wollen, ist verfehlt; genau so verfehlt ist aber auch der entgegengesetzte, von dem Psychischen, Seelischen her, unbekannte physische Vorgänge des Lebens psychologisch erklären zu wollen. Alle solche Versuche müssen fehlschlagen, weil es sich um *zwei völlig verschiedene Sphären des Seins* handelt. Das Seelische, das Bewußtsein kann nur in sich selbst betrachtet werden, und es ist unmöglich, in diese Innerlichkeit von außen zu gelangen.

Und doch besteht ein enger Zusammenhang zwischen dem Forschungsgebiet der Biologie und dem Bewußtsein, und die Probleme, die dabei auftauchen, lassen sich nicht umgehen. Denn der Mensch ist ja ein einheitliches Wesen, in dem diese beiden getrennten Welten in dauerndem Zusammenhang stehen, und es kann auch wohl nicht geleugnet werden, daß die höheren Tiere etwas unserem Bewußtsein Ähnliches besitzen, wie verschieden es auch von diesem sein mag. Und doch ist es schlechterdings unbegreifbar, wie ein Prozeß als Körpervorgang beginnen und als seelischer Vorgang enden kann, oder umgekehrt. Die Annahme einer Wechselwirkung zwischen Physischem und Psychischem, die dem natürlichen Denken als das Naheliegendste erscheint und wofür auch die moderne Medizin immer wieder Belege zu bringen scheint, hält keiner wirklich kritischen Prüfung stand. Denn es lassen sich nun einmal zwischen zwei Sphären, die einander völlig wesensfremd sind, keine kausalfunktionalen Fäden knüpfen; es

---

[1] HARTMANN, NIC., Metaphysik der Erkenntnis. Berlin 1921.

bleiben immer getrennte Welten, die durch eine unüberbrückbare Kluft geschieden sind. Es sind nur zwei parallellaufende, sich wechselseitig entsprechende, aber niemals schneidende Linien, die physische in Sinnesorganen und Nervensystem und die psychische im Bewußtsein, die trotz der genauesten Beziehungen zueinander ewig getrennt nebeneinander bestehen, wie es die Theorie des psychophysischen Parallelismus annimmt.

Es ist für die Biologie als Wissenschaft wichtig, daß diese Schranke zwischen Physiologie und Psychologie, zwischen physiologischer und psychologischer Forschung trotz der innigen Beziehungen, die durch die Einheit des psychophysischen Wesens des Menschen und der höheren Tiere gegeben sind, nicht eine *relative*, sondern eine *absolute, unübersteigliche* ist. Die vergleichende Sinnesphysiologie und Tierpsychologie, die experimentelle Psychophysik der menschlichen Psychologie, sie treiben alle keine echte Psychologie, sondern nur Physiologie, die infolge der komplexen, ungeklärten Kausalzusammenhänge mit psychologischen Begriffen beschwert ist, die aber bei weiterem Fortschreiten der Erkenntnis eliminiert werden müssen. Es ist wie *ein Reden in zweierlei Sprachen*, das aber doch nur *dem Begreifen und Erkennen eines einzigen Sachverhaltes* dient, und dieser begreifbare, erkennbare Sachverhalt ist immer nur der *physische*.

Trotz dieser methodisch festzuhaltenden, absoluten Problemscheide besteht natürlich eine *durchgehende, übergreifende Problembeziehung* der beiden Gebiete. *In der Einheit des Menschen, in der Einheit von Leib-Seele, die einmal zum Wesen des Menschen gehört, ist dieses Übergreifen begründet.* Die Theorie des psychophysischen Parallelismus kann somit keine zutreffende Theorie des psychophysischen Problems sein, sondern nur eine methodische Richtschnur für die Forschung. Die psychophysische Einheit des Menschen ist als Phänomen des Seins schlechthin gegeben. Der Arzt, der es mit dem ganzen Menschen zu tun hat, darf diese psychophysische Einheit nicht übersehen und muß daher auch die psychische Seite des Menschen bei seinem Handeln stark in Rechnung stellen. Und das um so mehr, als auch ganz bestimmte Abhängigkeiten zwischen physischen und psychischen Vorgängen bestehen, die neuere medizinische Erfahrungen immer mehr dargetan haben. Trotzdem muß man sich mit NIC. HARTMANN der Tatsache bewußt bleiben, „daß die Zusammenhänge und Abhängigkeiten, um die es sich hier handelt, ungeachtet ihrer phänomenalen Gegebenheit doch tief rätselhaft und unverstanden bleiben, und daß eben die Tatsache des psychophysischen Lebens im Menschen eine durchaus metaphysische Tatsache ist". Hier liegt die größte Problematik, die das Leben bietet, eine unauflösbare Antinomie. Das Irrationale tritt uns hier in seiner größten und tiefsten Verankerung entgegen. Diese Ausführungen sollen nicht irgendeine Theorie über das psychophysische Verhalten darstellen oder eine andere widerlegen, sondern sie sollen dartun, daß hierüber eine begründete Aussage nicht möglich ist.

In unserem menschlichen Sein fließt Rationales und Irrationales in geheimnisvoller Weise zusammen. Wir erleben es heute, wie aus diesem geheimnisvollen geistigen Sein weithin in unserem Volk mit Leidenschaft ein starkes reines Wollen aufbricht, das die traurigen Folgen einer materialistischen Weltanschauung zu überwinden trachtet. Dieses unser geistiges Sein ist aber nicht nur der Mutterboden irrationaler Kräfte, des Eros und Ethos, es ist auch der Mutterboden des *Logos, des Schöpfers und Erzeugers aller wissenschaftlichen Erkenntnis und reinen Wahrheit.* Als deutsche Naturforscher wollen wir mit leidenschaftlichem Eifer und klarem Verstand darüber wachen, daß der reine Logos durch andere geistige Kräfte nicht zu stark zurückgedrängt und umnebelt wird. Denn die höchste und edelste Leistung erzielt der Mensch nur, wenn reine Gesinnung, harter Wille und klarer Verstand in harmonischem Dreiklang zusammenwirken.

Theorie und Experiment in der exakten Wissenschaft.

Von

Walther Gerlach, München.

Die exakte Wissenschaft stellt sich die Aufgabe, die erforschbaren Bereiche der gottgegebenen Natur aufzuspüren. Ihr steht als *Extrem* gegenüber jene Gruppe von Geisteswissenschaften, die Menschenwerk *wertend* betrachtet, um künftiges Menschendenken und Menschentun in bestimmte Bahnen zu lenken. Der Naturforscher richtet seinen Blick auf Himmel und Erde und forscht nach den Gesetzen des Aufbaus und Ablaufs der Welt, um ein getreuliches, d. h. wissenschaftlich erweisbares Bild von ihr zu entwerfen. Nicht nach ihrem Zweck fragt er, sondern nach ihrem Wesen; er wertet nicht, er sucht zu erkennen.

Dieser Eigenart der Aufgabe entspricht die Eigenart der Methode der exakten Naturwissenschaft; in ihrer Größe liegt ihre Gefahr für den Menschen, der innerlich nicht stark genug ist, gegen das Versinken ins Materielle sich zu behaupten, oder der, einem Wunschbild nachjagend, die Berührung mit den Tatsachen verliert. Denn zwei Pferde ziehen den Wagen des Naturforschers: Anschauung und Phantasie; der sie aber leitet, ist der Geist, und der Weg, den sie zum Ziele gehen, wird von dessen Art abhängen.

Ist das Ziel der Naturwissenschaft die Lösung des Welträtsels, die Verbindung der Kenntnisse und Erkenntnisse mit unserem Sein? Hier wird die Erwartung der Allgemeinheit von ihrer Art abhängen. Der Mohammedaner sorgt sich nicht um Welträtsel, sein Glaube steht außerhalb seiner Bemühungen, die Materie zu beherrschen; Geist und Seele leben getrennt. — Hinter jeder wissenschaftlichen Betätigung des Abendländers liegt irgendwo das Sehnen, in die tiefsten Rätsel der Welt einzudringen, die Welt mit dem Menschen zu begreifen, Seele und Geist trennen sich höchstens einmal auf dem Weg.

Über diesen Weg von der Physik zur Metaphysik wollen wir nicht sprechen, zumal uns hier vieles als ein verfrühter Versuch erscheint. Wer kann glauben, daß unser heutiges Weltbild in allem schon getreu ist! Haben wir nicht Fälle erlebt, daß der Versuch, eine Weltanschauung auf der schwankenden Basis einer sich entwickelnden Forschung zu begründen, zu geistigen Katastrophen führte — Materialismus, Energetik, Monismus! Wie schon in der Vergangenheit, so wird auch in der Zukunft die exakte Naturforschung hierbei ein gewichtiges Wort sprechen; das Problem zu pflegen muß daher unsere doppelte Sorge sein: Aber ein *Problem* gehört in den Kreis der Forscher, nicht in die Diskussion der Öffentlichkeit. Wir wissen, daß größte Naturforscher aller Zeiten Menschen tiefster Frömmigkeit waren, und bekennen uns dazu, daß nur der zur Pflege und Lehre der Wissenschaft berufen ist, der auf dem Boden einer ethischen Weltanschauung steht. Diese verleiht die innere Festigkeit, die eiserne Strenge gegen sich selbst, die restlose Ehrlichkeit und Klarheit, enge Verbundenheit mit der Natur, ehrfurchtsvolle Bewunderung ihrer Größe und damit jene *gefesselte Freiheit zum Forschen*, die in den Worten eines Biographen FARADAYS zum Ausdruck kommt: „Wenn er sein Arbeitszimmer betrat, schloß er die Tür seiner Betkammer zu".

Von der Tätigkeit im Arbeitszimmer sei heute die Rede, so daß uns gleichsam als Motto unserer Ausführungen das Wort ROBERT MAYERS dienen kann: „Die echte Wissenschaft begnügt sich mit positiver Erkenntnis und überläßt es willig den Poeten und Naturphilosophen, die Auflösung ewiger Rätsel mit Hilfe der Phantasie zu versuchen."

Nicht das Wesen der Theorie oder des Experiments, sondern ihre Aufgaben als Forschungsmittel darzustellen, ist unser Plan. Wir wollen aus konkreten Beispielen lernen, durch welche Arbeitsweise unsere Erkenntnis gefördert wurde, um so die Bedeutung der exakt-wissenschaftlichen Methode aus ihren Leistungen zu erkennen. Eine solche Betrachtung ist nicht nur von geschichtlichem Wert; sie gibt uns und unseren Schülern nachahmenswerte Beispiele oder Warnungen vor Irrmeinungen, sie soll auch — und das ist ein ganz besonders warmer Wunsch — die hier und da von Zeit zu Zeit auftretenden Mißverständnisse, die in entwicklungsschwangeren Zeiten leicht zu leidenschaftlichen Äußerungen[1] führen, klären und auf das zurückführen, was sie sind: nämlich Meinungsverschiedenheiten, die auf der bewährten Basis offener Aussprache bei gegenseitiger Achtung der ehrlichen Denkweise des anderen stets die Quelle fortschreitender Erkenntnis waren und bleiben. Welcher Boden ist zu solchem Tun und Denken geeigneter, als der der Natur, deren Größe uns in die Schranken weist!

An die Spitze einer kurzen Übersicht über bemerkenswerte Äußerungen großer Meister der Physik stelle ich Worte[2] Maxwells aus seiner Theorie der Faradayschen Experimente:

„Es wird, so hoffe ich, ersichtlich sein, daß ich nicht eine physikalische Theorie einer Wissenschaft aufzustellen suche, in welcher ich kaum ein einziges Experiment gemacht habe."

Für Maxwell ist Faraday nicht nur der experimentelle Entdecker, sondern der physikalische Theoretiker, dessen „Begriffe und Methoden" er verwenden will und „daher soviel als möglich alles vermeiden, was nicht zur direkten Illustration der Methoden Faradays oder der mathematischen Schlußfolgerungen, welche sich daran knüpfen, dient". Nur „wo es die Komplikation des Gegenstandes erfordert, werde ich mich der Bezeichnungsweise der höheren Mathematik bedienen" heißt es an einer späteren Stelle.

„Wenn der Mathematiker (aus einem experimentell bewiesenen Gesetz) andere Gesetze, welche der experimentellen Prüfung fähig sind, ableitet, so war er nur dem Physiker behilflich, seine eigenen Ideen zu ordnen." „Wenn es sich dann herausstellt, daß diese Gesetze, welche ursprünglich für eine gewisse Reihe von Erscheinungen gefunden worden sind, sich so verallgemeinern lassen, daß sie auch eine neue Klasse von Erscheinungen umfassen, so bieten diese mathematischen Beziehungen dem Physiker die Mittel zur Entdeckung physikalischer Beziehungen. *In dieser Weise gelangt reine Spekulation zur Bedeutung für die Experimentalwissenschaft.*"

---

[1] Man denke z. B. an Goethes vernichtende Kritik von Newtons Leistung und Persönlichkeit; oder an die Fehde zwischen Ostwald und Boltzmann; an die scharfen Kämpfe zwischen Kolbe und Kekulé: allerdings im Vergleich zu der Geschichte der Geisteswissenschaften seltene — und auch der naturwissenschaftlichen Denkart kaum entsprechende Fälle!

[2] Nach Boltzmanns Übersetzung in Ostwalds Klass. Bd. 69.

Stellen wir diesen Betrachtungen des klassischen Theoretikers Ansichten moderner Physiker gegenüber, daß „der Wert einer physikalischen Theorie nicht in ihrer mathematischen Einkleidung, sondern in ihrem sachlichen Verhältnis zur Erfahrung liegt" (STARK); daß von einer Theorie — statt einer Hypothese — — gesprochen werden darf, wenn sie „einen exakt nachprüfbaren quantitativen Zusammenhang herstellt" zwischen verschiedenen Naturkonstanten (LENARD); daß die Entwicklung der modernen Physik „Schritt für Schritt durch experimentelle Untersuchungen erzwungen" wurde (HEISENBERG), so sehen wir, daß sich in den 80 Jahren die Einstellung erfolgreicher Forscher beider Richtungen zur Forschungsmethode nicht grundsätzlich geändert hat. Und wer anerkennt, daß die Entwicklung des naturwissenschaftlichen Weltbildes Fortschritte gemacht hat, kann auch den hierbei benützten Methoden nicht eine innere Berechtigung absprechen. Die Mathematik als Hilfsmittel des Denkens ist heute so unentbehrlich wie früher, und um so mehr, je größer die „Komplikation des Gegenstandes". Sie ist manchmal sogar ein wunderbares Hilfsmittel, das die „Empfindung aufkommen läßt, als wohne den mathematischen Formeln eigener Verstand inne, als seien sie klüger sogar als ihr Erfinder" (H. HERTZ). Aber man darf „den üblen Folgen ihres Bannes" nicht erliegen! (BOLTZMANN.)

Eindeutig scheint mir die Stellungnahme über die Bewährtheit der Theorien, die Bekanntes ordneten und zu einer größeren Zahl von quantitativ bestätigten Folgerungen führten. Aber immer mußten wir zufrieden sein, wenn wenigstens ein Teil der Konsequenzen sich bewährte; denn noch auf keinem Gebiet der Physik hat sich bisher eine Theorie finden lassen, die nicht durch eine folgende als zu eng gedacht sich herausstellte, und doch hat jede ihren Zweck als Sprosse einer Leiter erfüllt. Wir möchten fast sagen, daß eine Theorie, welche nicht den Keim der nächsten bald erkennen läßt, unfruchtbar ist, und daß es geradezu gefährlich erscheint, eine Naturanschauung für *richtig* zu halten, weil eine Anzahl von Konsequenzen mit der Erfahrung übereinstimmen. Schwieriger ist das Urteil über eine neue „Theorie", die noch zu neu ist, als daß ihre Folgerungen schon geprüft sein können. Und ein allgemein übereinstimmendes Urteil scheint unmöglich, wenn wir bei Wendepunkten der Entwicklung notgedrungen eine neue Grundlage suchen müssen, sei es auch nur um ein Stagnieren zu vermeiden. Wir müssen dann unter Umständen versuchsweise Grundlagen der bisherigen Anschauung aufgeben, wenn ihr Festhalten die freie Beweglichkeit des Denkens verhindern würde.

Es hing stets ab und wird immer abhängen von Persönlichkeit und Charakter des Forschers, von seiner Einstellung zu seiner Wissenschaft und zur Welt, welche Theorie ihn befriedigt, welche hypothetischen Gedankengänge er für erlaubt oder unzulässig hält, solange noch nicht die experimentelle Prüfung darüber entschieden hat.

Auch im Wechsel der Generationen macht sich ein Wechsel in der Stellungnahme zu diesen Fragen bemerkbar; der durch gute und schlechte Erfahrungen geschärften Vorsicht des Alters wird immer die Unvoreingenommenheit der Jugend gegenüberstehen; der Verteidigung der „Regeln und Tabulatur“ gegen der Jugend Kühnheit sollte man mit der Menschenweisheit Hans Sachsens zusehen:

„Nur mit der Melodei
Seid Ihr ein wenig frei:
Doch sag ich nicht, daß dies ein Fehler sei.
Nur ist's nicht leicht zu behalten,
Und das ärgert unsre Alten.“

Und nun wollen wir die Entwicklung einiger Gebiete vor unserem Geiste vorüberziehen lassen, um zu erkennen, daß es nicht zwei Methoden, die experimentelle und die theoretische, sondern nur eine einzige gibt, eben die exaktwissenschaftliche Methode, die in einer inneren Vereinigung beider besteht, welche nie vergessen läßt, daß sie die Naturerkenntnis fördern soll.

I. Röntgenstrahlen- und Kathodenstrahlenforschung bis zur Wellenmechanik.

Die nächstliegende Frage bei der Betrachtung einer Entwicklung ist die nach ihrem Ausgangspunkt. Meist können wir sie aber gar nicht so ohne weiteres beantworten: denn ein eigentlicher Ausgangs*punkt* wird nur ganz selten überhaupt vorhanden sein, und in anderen Fällen hängt es stark von der subjektiven Bewertung einzelner Umstände ab, welcher Versuch oder welche Überlegung als endgültig maßgebend für die Entwicklung angesehen wird. Das Aufleuchten des Fluoreszenzschirmes vor Röntgens

Röhre ist ein solcher Ausgangspunkt: eine Beobachtung, die ohne gedankliche Vorbereitung gemacht wurde. Ganz anders — um auch hierfür ein Beispiel der neueren Zeit zu wählen — LAUES Nachweis der Interferenz und damit der Wellennatur der Röntgenstrahlen. Wie war die Lage vor 1912? Sofort nach der Beschreibung der Eigenschaften der X-Strahlen (an welche RÖNTGEN die Frage knüpft, ob wohl longitudinale elektromagnetische Wellen solche haben würden) erklärt KETTELER[1] im Vertrauen auf die Dispersionstheorie, daß optische Strahlen kürzester Wellenlänge solche Eigenschaften haben würden. Die Diskussion ob Wellen ob Korpuskeln geht hin und her; während sich BRAGG für letzteres entscheidet, zeigt WIEN, daß die PLANCKsche Lichtquantenhypothese durch Umkehrung der Gleichung für den lichtelektrischen Effekt zur Annahme von Röntgenwellenlängen von der Größenanordnung *AE* führt. Beugungsversuche an Spalten von HAGA und WIND, von WALTER und POHL, die Diskussion über die Deutbarkeit des beobachteten Intensitätswechsels als Interferenzen oder als optische Täuschung, die elektrodynamischen Theorien über die „Bremsstrahlung eines Elektrons“, die Entdeckung der Polarisation und der Zerstreuung der Röntgenstrahlen, aber das Fehlen von Brechungserscheinungen, die verfehlten Versuche zur Messung ihrer Geschwindigkeit, daneben die Erforschung der elektrischen Wellen, die Interferenzversuche von RUBENS mit langen ultraroten Wellen, die Vereinheitlichung der verschiedenen Strahlungsphänomene im Sammelbegriff des elektromagnetischen Spektrums: dies alles drängte auf die damals einzige Möglichkeit der Entscheidung hin, auf einen gültigen Interferenzversuch mit Röntgenstrahlen. Es fehlte nur das Gitter zum experimentum crucis.

Daneben hatten die Mineralogen die Hypothese des Raumgitters zu einer Theorie der Kristalle entwickelt. Vor allem von GROTH wurde die gegen HAUYS Ansicht von BRAVAIS aufgestellte Hypothese der diskreten Lage der Moleküle („Punktsysteme“) im Kristallgitter vertreten[2]; ihre Abstände waren aus Molekular-

---

[1] Wied. Ann. **58**, 410 (1896) (30. III. 1896).

[2] M. v. LAUE, Nobelvortrag 1920, wies darauf hin, daß schon CHR. HUYGENS 1690 aus Raumgittern „kleiner unsichtbarer und gleicher Teilchen“ die Kristallform herleitete! Vgl. auch AMPÈRE, Brief an BERTHOLLET, Ostwalds Klass. Bd. 8.

gewicht, LOSCHMIDTscher Zahl und Dichte berechenbar; STARK[1] hatte, aus allgemeinen elektrischen Betrachtungen die chemische Einzelkraft verwerfend, das räumliche Modell des Ionenkristallgitters entworfen, so wie wir es heute noch zeichnen. Man sieht nachträglich, eine wie kurze Brücke von einem Gebiet zum anderen nur fehlte, jene berühmte *Kombinationsidee*, die viele hätten haben können, die aber nur einer hatte und gebrauchte: die Beugung der Röntgenstrahlen im Raumgitter des Kristalls zu versuchen.

Die „*Voraussage*" der LAUEschen Theorie war: *Wenn* die Theorie der Punktgitter richtig ist und *wenn* die Röntgenstrahlen Wellen sind, so muß nach ihrem Durchgang durch Kristalle eine Interferenzerscheinung auftreten. Das Experiment von FRIEDRICH und KNIPPING ergab die Realität des intuitiv geschauten Zusammenhangs, dem nun die quantitative rechnerische und experimentelle Durcharbeitung folgte. Nachdem das Experiment es gefordert hatte, setzte die *theoretische* Bearbeitung ein, durch Überlegung der möglichen und Auswahl der einfachsten Annahmen über die Anregung der Atome des Raumgitters durch die Röntgenstrahlen zu Schwingungen und die *Berechnung* der hieraus zu erwartenden Interferenzen auf der Grundlage der klassischen Optik, über ihre Lage in Abhängigkeit von Atomabstand und Wellenlänge; BRAGG kam mit einer anderen Annahme[2] als LAUE sie machte zu einer neuen experimentellen Anordnung, welche die Röntgenspektroskopie begründete, deren erster unvergänglicher Erfolg MOSELEYs Aufklärung des Wesens des periodischen Systems der Elemente war, und die dann das Hilfsmittel zur energetischen Ausmessung des inneren Baues der Atome wurde. Später wurde die Schärfe der Interferenzen berechnet, der Einfluß der Wärmebewegung der Atome auf sie, noch später die Bedeutung der Elektronenzahl und -anordnung im Atom für ihre Intensität erkannt. Schritt für Schritt folgt das Experiment, und es ist undenkbar, daß all die quantitativen Erkenntnisse, mit welchen die LAUEsche Idee die Naturwissenschaft bis heute bereichert hat, nur durch experimentelle Bearbeitung hätten errungen werden können.

---

[1] Atomdynamik **3**, 193 (1911).

[2] Es ist die Annahme der Reflektion an Netzebenen, statt der Zerstreuung an den Gitterpunkten. BRAGGs Ableitung gleicht der von Lord RAYLEIGH zur Erklärung der gefärbten Kaliumchloratkristalle entwickelten — vielleicht *nicht* zufällig!

Diese Kombination zweier Disziplinen — der Physik und der Mineralogie — hatte eigenartige Folgen: Die Mineralogie verlor einen Teil ihrer Selbständigkeit, sie gab sich als Hilfsmittel der Physik, welche sich durch Aufklärung des mineralogischen Problems der Struktur der Kristalle bedankte; damit ist der Physiker nicht Mineraloge geworden! Die Sonderkenntnisse der Kristallarten und der Kristallzusammensetzung bleiben freilich als eigenes Wissensgebiet bestehen (wie etwa der Physiker nicht die Spektrallinien und -terme aller Elemente zu kennen braucht, wenn er nicht Spektroskopiker ist!). Seitdem denkt der Mineraloge physikalisch, nicht mehr geometrisch — man blicke nur auf die Fülle physikalischer Methoden und Feststellungen, mit denen die Mineralogie ihr Grundproblem des Kristallbaues heute angreift — Fluoreszenz, Phosphoreszenz, Thermolumineszenz, Funkenbahnen in Kristallen — und wie solche Versuche zu neuem Angriff anderer Probleme, die Lagerstättenkunde z. B., führen. Kurz: Die physikalische Forschungs- und Denkweise ist in einen neuen Bereich der Naturwissenschaften eingezogen.

Gleich großen Gewinn erhielt die Technik, nicht geringer ist der Einfluß der Auffindung der Röntgenstrahl*interferenzen* auf die Kenntnis und die technische Verwertung der Metalle, als der Entdeckung der Röntgenstrahlen auf die wissenschaftliche und praktische Medizin. DEBYE zeigte die Bedeutung der Röntgenstrahlinterferenz für chemische Probleme des Molekülbaues und stellte die Verbindung her zwischen physikalischer und chemischer Atomistik. Wir werden an einer anderen Stelle nochmals auf diese neuartige, *in den Tiefen der Erkenntnis, nicht in der Oberfläche der Kenntnisse* wurzelnde „Encyclopädie" zurückkommen.

Dieser Entwicklung steht die „*Urzeugung*" gegenüber, und damit kommen wir nochmals zur Entdeckung der Röntgenstrahlen zurück, denn dies ist eine „*Urzeugung*" gewesen: als solche stand sie plötzlich neu und unverbunden mit der Physik da. Man bewundert noch heute die Leistung RÖNTGENs bei der Erforschung der *Eigenschaften* der so neuartigen Strahlung, — aber daß die Aufklärung ihrer Natur 16 Jahre dauerte, heißt nichts anderes, als daß diese Strahlung für die Entwicklung der Physik so lange ohne Einfluß blieb. Wohl gab sie Anlaß zu neuem Suchen, von welchem BEQUERELs Bemühungen von Erfolg gekrönt waren. Auch vermehrte sie die Möglichkeiten der Forschung, z. B. durch die Herstellung stark ionisierter Gase. Aber hierdurch hatte sie nur den Wert, den ein neues Meßinstrument hat, das neue Kenntnisse liefert. Inneren Fortschritt der naturwissenschaftlichen *Erkenntnis* lieferte sie erst seit 1912[1]. Und wenn sie nicht 1895 entdeckt worden wäre, hätte 25 Jahre später die Quantentheorie diese Wellenstrahlung hoher Frequenz vorausgesagt.

In dieser Hinsicht bilden übrigens die Röntgenstrahlen keine Ausnahme in der Geschichte der Physik. Man findet gelegentlich das Wort, daß die wissenschaftliche Arbeit eines Gelehrten unbeachtet blieb, weil er seiner Zeit vorausgeeilt war. Ich glaube, daß man — soweit es die exakten Naturwissenschaften betrifft — immer beweisen kann, daß es sich hierbei um fundamentale experimentelle Entdeckungen handelt, welche zu einer Zeit gemacht wurden, da die theoretische Durchdringung noch zurück war. Hierin liegt die tiefe Tragik der Pionierarbeit; aber sie ist im Wesen der exakten Naturwissenschaft begründet. Eine Einzeltatsache kann eine neue Entwicklung anbahnen oder eine Entwicklung umlenken; sie bedeutet aber nur wenig, solange sie nicht in den Kreis anderer eingeordnet und mit diesen gesetzlich verbunden ist: vielleicht zeigt dieser Sachverhalt am klarsten die Erfordernisse, welche Naturerkenntnis verlangt.

Ich habe diese Frage angeschnitten, um auf eine Bedeutung des Experiments ohne theoretische Führung besonders hinweisen zu können. Die Spektrallinien zogen den Experimentalphysiker als Messungsproblem besonders an. Die Fülle der Erscheinungen, ihr Zusammenhang mit den Atomen, die Spektra der Sterne, die Erkenntnis einer zahlenmäßigen Beziehung im Wasserstoffspektrum ließen tiefere Zusammenhänge ahnen; die Entwicklung der experimentellen Optik lieferte die Möglichkeit von Messungen mit einer Genauigkeit, die auf anderen Gebieten der Physik unerreichbar schien. So entwickelte sich eine Spezialforschung, die oft nur unter dem Gesichtspunkt erhöhter Präzision weitergeführt wurde. Wir haben es erfahren, von welcher Bedeutung es wurde, daß PASCHEN unbekümmert um theoretische Richtungen den einmal eingeschlagenen Weg fortsetzte und daß sein Kampf um die Festlegung der Dezimalen in der Rydberg-Konstanten der BOHRschen Theorie den Sieg brachte.

---

[1] Ich habe dies früher einmal näher ausgeführt: Strahlenther. **47**, 1 (1933).

Ich will ein zweites Beispiel geben: die HITTORFsche Entdeckung der Kathodenstrahlen oder, wie er sie nannte, die Strahlen des Glimmsaums oder die Glimmstrahlen[1]. Aus zahllosen Versuchen, in denen er die Art der Entladung, die Form der Röhren, der Elektroden und ihre gegenseitige Lage variierte, isoliert er aus den schon von FARADAY untersuchten verwickelten Erscheinungen der Glimmentladung („die lange Zeit keine weitere Beachtung fanden“) eine, die ausgezeichnete Eigenschaften hatte. Die leitende Idee HITTORFS war nicht die Untersuchung der Leuchterscheinungen, sondern des Stromleitungsgesetzes. So erforscht er besonders die Beeinflussung des Weges der „Glimmstrahlen“ durch ein magnetisches Feld und kommt zu der in viel späterer Forschung sich bewährenden, erst 1897 bewiesenen Schlußfolgerung: Gasförmige Materie zeigt *zwei* Fortpflanzungen der Elektrizität: die eine ist „analog der Leitung der Metalle[2] und Elektrolyte“; die zweite, der Glimmstrahl, verhält sich „wie ein unendlich dünner gradliniger gewichtloser steifer Stromfaden“. Mit tiefer Einfühlung schließt er: „Täusche ich mich nicht, so sind diese Verhältnisse äußerst günstig, um uns Schlüsse auf den Vorgang des *elektrischen Stroms selbst* zu gestatten . . . und die moderne Physik von ihren letzten Imponderabilien, den elektrischen, zu befreien.“

Daß HITTORF der experimentelle Beweis für seine Hypothese nicht glückte, lag daran, daß es ihm nicht gelang, den Kathodenstrahl von den anderen Vorgängen in dem Entladungsrohr abzutrennen. Daß seine theoretische Hypothese über den „gewichtslosen Stromfaden“ so gar keine Beachtung fand, ja daß HITTORF selbst nicht mehr auf sie zurückgriff, liegt aber auch daran, daß eine solche Denkweise der damaligen Physik völlig fremd war und daher als Phantasie wirken mußte. Man vergißt oft das, was MAXWELL einmal von einer ihm unverständlichen Idee FARADAYS sagte: „*Eine Vermutung eines mit der Natur so vertrauten Gelehrten mag unter Umständen bedeutungsvoller sein, als das durch Experimentaluntersuchungen bestbegründete empirische Gesetz.*“

Es ist wunderbar, wie HITTORF das Problem der Gasleitung sofort von einer anderen Seite noch anpackt: die Leitfähigkeit er-

---

[1] Pogg. Ann. **136**, 1 (1869); die Bezeichnung „Kathodenstrahlen“ stammt von GOLDSTEIN, Sitzgsber. preuß. Akad. Wiss., Physik.-math. Kl. **1876**, 279—295.

[2] Dies hat sich bekanntlich später als Irrtum herausgestellt.

hitzter Gase, die später ebenfalls von solcher Bedeutung wurde. Methodisch-grundsätzlich ist hier eine Bemerkung, die er wegen der Schwierigkeit der Messungen und der Unsicherheit macht, die durch das Fehlen eines „geometrisch einfachen Bettes" der Stromleitung bedingt sind: „Auch weniger feine Messungen können uns Tatsachen von fundamentaler Wichtigkeit enthüllen, und rohe, wenn nur richtige Schätzungen von größtem Interesse werden."

Die Einordnung der Kathodenstrahlen[1] in die Physik geht in ähnlicher Weise vor sich wie die der Röntgenstrahlen. Nicht die experimentelle Verfolgung der HITTORFschen oder einer anderen Vorstellung über die Natur der Strahlen — diese wird erst einige Jahre später unter Benützung der von LENARD entwickelten Methode endgültig geklärt durch W. WIEN[2] und LENARD selbst —, sondern quantitative Forschungsexperimente unter „reinen Bedingungen" bilden die Grundlagen für die nun einsetzende elektrodynamische Atomforschung. Dies ist es, was uns hier besonders interessiert, daß hier eine *Forschungsmethode* erdacht wird, die sich in der Folgezeit für die Entwicklung der inneratomistischen Forschung so unendlich fruchtbar erwies: es ist das Prinzip der quantitativen Beobachtung der Wechselwirkung zwischen einer zu erforschenden Energieform und der Materie, welche zu experimentell geleiteten und zuverlässigen Vorstellungen über beide führt, wenn die Versuchsbedingungen die Garantie liefern, daß keine anderen Einflüsse als die gewünschten oder die gedachten vorhanden sind. Mit ihm gelang es LENARD, die erste Bresche in das Problem des Atombaues zu schlagen, mit ihm führten die quantitativen Messungen über die Ionisation der Gase, den lichtelektrischen Effekt, die Anregung der Spektrallinien zu den experimentellen Entdeckungen, welche die Physik und schließlich die Naturforschung

[1] HITTORF hat das Kathodenstrahlproblem in seinen späteren Gasentladungsarbeiten nicht mehr behandelt. Entscheidende Schritte vor LENARD sind CROOKES' rein experimentelle Verbesserungen zur Erzeugung der Kathodenstrahlen und die Arbeiten von HERTZ und E. WIEDEMANN, die aber mehr oder weniger bestimmt ausgedrückt zur entgegengesetzten Ansicht kamen; WIEDEMANNS 9 Punkte zum *Beweis*, daß sie „Lichtstrahlen mit sehr kleiner Schwingungsdauer sind" [Wied. Ann. **20**, 782ff. (1883)], müssen jeden Forscher recht nachdenklich stimmen.

[2] Auch WIENS Arbeit ist als Schlußstein einer experimentellen Entwicklung zu betrachten, aus welcher die Arbeiten von J. PERRIN, WIECHERT, J. J. THOMSON, CLELLAND anzuführen sind, welche die elektrisch-korpuskulare Natur immer wahrscheinlicher machten, aber noch nicht bewiesen.

in so neue Bahnen lenkten, daß sie auch neuartiges physikalisches Denken verlangten. Dieser LENARDschen Arbeit ist es zu verdanken, daß die bald darauf entdeckten radioaktiven Strahlungen in RUTHERFORDS Hand so schnell zu weiteren, ebenfalls quantitativen Aussagen über den Bau der Atome führten.

Erwähnen wir in diesem Zusammenhang auch die *Kanalstrahlen,* vor 50 Jahren von GOLDSTEIN als eine neuartige Erscheinung unter vielen anderen beschrieben. Sie scheint ihm irgendwie mit der ersten Kathodenschicht zusammenzuhängen, in welcher HITTORF schon nach der Entstehung der Kathodenstrahlen suchte. WIEN erinnert sich dieser Erscheinung, als er die negative Ladung der Kathodenstrahlen, entsprechend einer Strömung von der Kathode weg, bewiesen hatte und nach einer positiven Strömung auf die Kathode zu fragte, und erkannte in den Kanalstrahlen den zweiten von HITTORF erschauten Stromleitungsvorgang, der „analog der Leitung im Elektrolyten" ist. Wiederum sind es quantitative Messungen der Wechselwirkung der materiellen Ionenstrahlen mit der Materie, sodann die Untersuchung des Leuchtens dieser Kanalstrahlen unter „reinen Bedingungen", losgelöst von der Entladung und im höchsten Vakuum befreit von Wechselwirkungen mit der Materie, welche zu neuen Erkenntnissen führen. Zu den Untersuchungen über die Wirkung von magnetischen und elektrischen Feldern auf die Bahn der Kanalstrahlen, welche ASTON zur Entdeckung der allgemeinen Isotopie der Elemente führten, tritt die Erforschung des Einflusses von elektrischen Feldern auf das Leuchten der freien Atome oder Ionen des Kanalstrahls, die Entdeckung des Stark-Effekts.

Wir haben hier einen Forschungsweg verfolgt, der Schritt für Schritt aus quantitativ verfolgten experimentellen Feststellungen besteht, die teils als „absolute Experimente" — d. h. auf die Frage, was entsteht durch eine *bestimmte* Kombination? — ausgeführt sind, teils die LENARDsche Wechselwirkungsmethode auf ähnlich gelagerte Fälle übertrugen. Die Schnelligkeit der Entwicklung, die hier vorliegt, scheint mir auf verschiedenen Faktoren zu beruhen, von denen ich aber nur drei für ausschlaggebend halten möchte.

Erstens: Die Konzentration der Forschung auf das Problem „Atom" unter Einführen von Begriffen, die den Boden der materiell-mechanischen Raumauffassung verließen, dafür aber dem Wesen des zugrunde liegenden Experiments, d. h. dem experimentell Erkennbaren, entsprachen, als deren *Anfang* und Prototyp LENARDs theoretischer Begriff der *Dynamide* gelten kann[1].

Zweitens: Die quantitative Behandlung aller dieser Beobachtungen, so daß Verbindungen zwischen ihnen nicht nur vermutet, sondern sofort auf ihre physikalische Bedeutung geprüft werden konnten.

Drittens: Die Kombination dieser atomistischen Forschung mit der sich gerade entwickelnden, aber auf ganz anderen physikalischen Fragestellungen aufgebauten atomistischen Strahlungs*theorie*.

Es ist heute wohl nicht mehr möglich, zu sagen, wieweit sich diese 2 Faktoren gegenseitig befruchteten. Ich möchte aber meinen — vor allem, wenn man BOLTZMANNs Vortrag auf der Naturforschertagung am 22. September 1899 sich klar macht —, daß eins und drei schon eng miteinander zusammenhängen, indem sie so etwas wie eine *neue „geistige Haltung"* lieferten, *in welcher experimentelles und theoretisches Denken nicht mehr getrennte, sondern innerlich verbundene, von jeder Axiomatik befreite Wege gehen.* So haben wir dieses Beispiel der Kathodenstrahlen nicht nur wegen der wichtigen Stelle, die sein Gegenstand in unserer Naturerkenntnis einnimmt, gewählt, sondern weil wir in ihm den Anfang *der modernen Forschungsrichtung* sehen, in welcher die Forderung des Experiments nach Umgestaltung der theoretischen Denkweise und der Vorstellungsbilder als ausschlaggebend gilt.

Noch einmal griff die Kathodenstrahlforschung maßgeblich in die Entwicklung der Physik ein, wieder zwang sie zum Aufbau neuer Anschauungen über die Materie und schließlich zu der Entwicklung, in welcher die heutige Physik steht, in welcher das Kathodenstrahlproblem ein Teil des Zentralproblems ist, dem sich die moderne Forschung von allen Seiten zuwendet. Als erster entscheidender Hinweis darauf, daß auf dem Gebiet der Wechselwirkung zwischen Materie und Elektronen noch etwas zu finden ist, erscheint mir die Arbeit von RAMSAUER über den absorbierenden Querschnitt der Gase für sehr langsame Elektronen: zuerst ein steiler Anstieg, dann ein Abfall auf sehr kleine Werte. Diese un-

---

[1] Ann. Physik **12**, 739 (1903) zur Begründung der Wortwahl: „daß die betrachteten Raumteile so gut wie gar nicht durch wahre Raumerfüllung wirksam sind, sondern vielmehr fast ausschließlich durch ihre elektromagnetischen Kraftfelder".

erwarteten Ergebnisse veranlaßten eine gründliche theoretische Behandlung der Wechselwirkung von Elektronen und Atomen auf Grund der Quantentheorie, die jedoch zu wenig befriedigenden Ergebnissen führte. Sie veranlaßten weiter eine Ausdehnung und Verbesserung alter Versuche über die Reflektion langsamer Elektronen an festen Oberflächen, welche schließlich die experimentelle Entdeckung der Beugung und Interferenz von Kathodenstrahlen durch DAVISSON und GERMER brachte.

„Als Folge eines Unglücks, das uns in unserem Laboratorium im April 1925 zustieß, begann diese Untersuchung.“ Zufall? Ja, und nein! — Die Aufmerksamkeit und Sorgfalt der Experimentatoren ließ sie einer sonderbaren Erscheinung nachgehen, die im Gegensatz zu ihren früheren Ergebnissen stand. Sie trösteten sich nicht damit, daß durch die Zerstörung der Apparatur sich „etwas geändert habe“, sondern sie untersuchten, *was* sich geändert hatte und erkannten so, daß bei der übermäßigen Erhitzung ihres reflektierenden Nickelstückes eine grobe Kristallisation desselben eingetreten war. Das Ergebnis, welches DAVISSON und GERMER auf Grund immer wieder variierter und nach allen Richtungen in musterhafter Vorsicht kontrollierter Versuche als endgültig sichergestellt mitteilen konnten, ist: Wenn elektrische Korpuskeln der Masse m einheitlicher Geschwindigkeit v auf eine Kristallfläche fallen, so werden sie im Kristallgitter in gleicher Weise gestreut wie eine Wellenstrahlung, deren Wellenlänge gleich h/mv ist (h = PLANCKsche Wirkungsquantumkonstante). Sie fahren fort: „Daß der Nachweis der Wellennatur mechanischer Partikel gefunden werden könne in der Reaktion zwischen einem Elektronenbündel und einem Einzelkristall, ist von ELSASSER[1] vor 2 Jahren vorausgesagt worden, kurz nach L. DE BROGLIES[2] Originalmitteilung über die Wellenmechanik.“ Diese Bemerkung, die ich wörtlich übersetzt habe, trifft den Nagel auf den Kopf. Nicht die Wellennatur der Elektronen, der mechanischen Partikel, ist von der Theorie vorausgesagt worden — vorausgesagt hat sie als Folgerung aus ihrer mathematischen Entwicklung den Weg, wie man ihre Richtigkeit prüfen kann. ELSASSER glaubte, in den Ergebnissen von DAVISSON und KUNSMAN[3] über Elektronenreflektion

[1] Naturwiss. **1925**, 711. [2] These Paris 1924.

[3] Die von diesen beobachteten Anomalien der Elektronenreflektion an nicht-grobkristallisierten Flächen scheinen mir nicht aufgeklärt zu sein.

bereits einen Beweis für seine Spekulation zu sehen: es war ein Irrtum — leider ist es unmöglich, diese Interpretation der Versuche anzuerkennen, sagten hierzu DAVISSON und GERMER. Ihren Versuchen ist allein der physikalische Beweis zuzuerkennen.

Wie steht es mit der Theorie von DE BROGLIE? Diese ist ein in sich geschlossenes, gedanklich neuartiges System der Materie. Sie bestand, als unabhängig von ihr Versuche zu einer analogen Folgerung führten; und die experimentell gefundenen und die theoretisch abgeleiteten Beziehungen zeigten sich als quantitativ übereinstimmend. Man sagt daher auch, „die Theorie habe die Wellennatur der Materie vorausgesagt". Ich halte das für eine unglückliche Ausdrucksweise in zwiefacher Beziehung. Zum ersten: Eine Voraussage aus einem ohne experimentelle Unterlage aufgestellten theoretischen System kann nur eine Frage an die Natur sein, deren Beantwortung durch das Experiment ebensowohl mit „ja" wie mit „nein" erfolgen kann. Erkennen wir diesen Grundsatz nicht an, so haben wir das Wesen der exakten Wissenschaft nicht verstanden und vor allem aus der Entwicklung der modernen experimentellen *und* theoretischen Physik nichts gelernt, die HEISENBERG mit den Worten gekennzeichnet hat: „Die Wandlung der Grundlagen der exakten Naturwissenschaft, die sich in der modernen Physik vollzogen hat, ist Schritt für Schritt durch experimentelle Untersuchungen erzwungen worden." Zum zweiten: „Wellennatur der Materie" ist ja doch bis heute — wenigstens kann ich es nicht anders verstehen — eine Formulierung der Zusammenfassung einer großen Zahl von Erscheinungen unter einem einheitlichen Gesichtspunkt von großer heuristischer Fruchtbarkeit, welche ungeheuer große Rätsel enthält, deren Erblicken uns heilig ist und zu vertiefter Anstrengung verpflichtet, und gegen deren Profanierung als Schlagwort unter Vortäuschung einer Lösung des Materieproblems die Wissenschaft nicht scharf genug Stellung nehmen kann. Wir sind alle darüber im klaren, daß wir nicht wissen, wie sich die Wellenmechanik, das mathematische System, welches die experimentellen Erkenntnisse umfaßt, entwickeln wird, ja ob sich ihre Grundlagen überhaupt erhalten werden und ob und wann sie einer vielleicht noch allgemeineren „Äthertheorie" weichen werden. *Aber wir haben die wissenschaftliche Verpflichtung, uns mit ihr eingehend zu befassen,* weil ihre Spekulation in einigen wichtigen Punkten zur Bedeutung für die

Experimentalwissenschaft gelangte. Wie viele Quantentheorien haben wir in 25 Jahren erlebt! Und doch hat jede *Entwicklungsphase* zu einer fortschreitenden Vereinheitlichung der Denkweise geführt, die so wesentlich zur heutigen schnellen Entwicklung beitrug.

Vielleicht ist es nötig, auch auf einen Schaden hinzuweisen, der hierdurch leicht entstehen kann. Die geistige Einstellung auf eine *bestimmte* Art des Denkens und Folgerns läßt gegen andere Möglichkeiten leicht blind werden und mag dazu verleiten, aus Ergebnissen experimenteller Arbeiten das auszuwählen, was in einen bestimmten Rahmen — pro oder contra! — paßt, anderes aber zu vernachlässigen. Deshalb darf das Urteil über ein Experiment nicht der Theorie überlassen sein; sein Gültigkeitsbereich oder — wie man gerne sagt — seine „Richtigkeit" und seine Bedeutung kann nie nach theoretischen Gesichtspunkten, sondern nur nach seiner Ausführungsart beurteilt werden: *das Gewissen des Naturforschers muß wachbleiben*; objektive Forschung, nicht Handlangerdienste, führen weiter.

Etwas hat die Theorie von DE BROGLIE „vorausgesagt"; und es wäre sehr falsch, das zu vergessen. Sie sagte: *Wenn* das Experiment eine Beugung von Materiestrahlen nachweist, so hat es die in der Theorie behandelte Wellenvorstellung gefunden, *wenn* sich die für die Beugung verantwortliche Wellenlänge aus den experimentellen Daten *quantitativ* zu h/mv (h Planck-Konstante, m, v Masse und Geschwindigkeit der Materieteilchen) ergibt. Auf *diese* Beziehung wäre der Experimentator durch Kombination kaum gekommen! Ich möchte meinen, daß in dem zeitlichen Zusammentreffen der Entwicklung der vielseitigen Theorie der Wellenmechanik und der Entdeckung der Materiewellen einer jener *glücklichen Zufälle* liegt, dem die Naturforschung viel Förderung verdankt. Man möge einmal versuchen, die Folgen sich auszudenken, wenn — was durchaus im Bereich des Möglichen liegt — LENARD im Jahre 1894 bei seinen Versuchen, Kathodenstrahlen durch Materie zu schicken, die Interferenzfiguren gesehen hätte, die wir heute mit der gleichen Anordnung in der Vorlesung zeigen! Eine Äthertheorie der Kathodenstrahlen, die damals viel diskutiert wurde, wäre die Folge gewesen; ohne Kristallgittertheorie und ohne Quantentheorie, ohne Kenntnis der Masse der Elektronen hätte sie unverbunden mit der übrigen Physik dagestanden als eine neue Y-Strahlung und sehr wohl vom erfolgreichen Forschungsweg ablenken können[1]. Es scheint sogar sicher zu sein, daß früher schon Interferenzerscheinungen bei der Wechselwirkung von Kathodenstrahlen und Materie beobachtet, aber nicht genügend sichergestellt und daher auch nicht als solche erkannt wurden. Eine Wellenauffassung lag damals wohl so fern, daß weder die Beobachter dieser Erscheinungen noch andere Kathodenstrahlforscher an eine prinzipielle Ursache der merkwürdigen Versuchsergebnisse dachten.

Es seien noch zwei andere wichtige Entdeckungen der Neuzeit genannt, welche solche unbeachtet gebliebenen Vorläufer hatten: der Compton-Effekt und der Raman-Effekt. Impuls- und Energieansätze, welche später zur theoretischen Voraussicht und Entdeckung des Compton-Effekts geführt haben, sind in wesentlichen Zügen schon in 2 Arbeiten von J. STARK aus dem Jahre 1909 enthalten[2].

A. SMEKALS[3] Überlegung über die Behandlung der Dispersion mittels Energie- und Impulsbilanz führt ihn dazu, „auf das Vorkommen einer neuen Art von Quantenübergängen unter Einfluß monochromatischer Strahlung zu schließen“, die er als „Translationsübergang“ bezeichnet und die zu einer monochromatischen „anomalen Zerstreuung“ führen müssen. In beiden Fällen gelangten die theoretischen Überlegungen erst durch die spätere experimentelle Forschung zu allgemeiner Bedeutung, wobei im Falle des Raman-Effekts die theoretische Voraussage ohne Einfluß auf die Entdeckung war. Die neueste Entwicklung der Untersuchung des Compton-Effekts scheint die alte Theorie als zu enggefaßt zu zeigen, wenn sie nicht überhaupt eine grundsätzlich andere Auffassung verlangt. — —

Die wellenmechanischen Differentialgleichungen erschienen vielen Physikern als eine Erlösung aus dem Formalismus, in welchen die Quantentheorie geführt hatte, zumal die Grundlage der Quantentheorie, die Naturkonstante h, erhalten blieb. Und durch die Versuche von DAVISSON und GERMER war ihnen ein

[1] Welche falsche Kombination mit der RÖNTGENschen X-Strahlung hätte sich ergeben!

[2] Physik. Z. **10**, 579 u. 902 (1909). Die zweite Arbeit hat den Titel „Zur experimentellen Entscheidung zwischen Ätherwellen- und Lichtquantenhypothese, I. Röntgenstrahlung“.

[3] Naturwiss. **11**, 873 (1923), speziell Abs. 5 u. 6.

erstes physikalisches Berechtigungszeugnis ausgestellt worden, als sie theoretisch unter Verarbeitung des älteren experimentellen Materials und Überführung früherer spezieller Theorien in die offensichtlich allgemeinere neue Theorie schon ziemlich entwickelt waren. So wurde der experimentellen Forschung ein weites Betätigungsfeld gewiesen: Die Anwendung der Elektronen*wellen* zum neuen Angriff des Materieproblems, dem 30 Jahre vorher LENARD die Elektronen*korpuskeln* dienstbar gemacht hatte. Und wie damals neuartiges physikalisches Denken über das Wesen der Materie unter Aufgabe des damals anschaulichen Materiebegriffs nötig war, so auch heute. Und wie die alte Dynamidenvorstellung durch neue Entdeckungen zum RUTHERFORDschen Kernmodell, dann zum BOHRschen und seinen vielen Nachfolgern sich wandeln mußte, ohne daß der „elektrodynamische" Grundgedanke verlorenging, der im Gegenteil immer stärker hervortrat, so wird auch die immer weniger „anschauliche" Einstellung unserer Tage — so wollen wir im Glauben an eine fortschreitende Entwicklung hoffen — noch manche Änderung erleiden, deren Ziel wir Gott sei Dank nicht kennen.

Die Theorie hat sich — abgesehen von ihren „ordnenden" Erfolgen — auch als heuristisch wertvoll erwiesen, indem sie zu neuartigen Versuchen anregte, von denen ich besonders die von STERN gefundene Beugung von *Atom*strahlen an Kristallgittern nennen möchte. Zweifellos hätte man solche Versuche auch ohne die Theorie machen können. Aber — und das müssen wir einfach als Tatsache konstatieren: Auch der eingefressenste Experimentalphysiker wird sich mit doppeltem Eifer und Zähigkeit einem Versuch hingeben, dessen Ausführung wegen experimenteller Schwierigkeiten fast aussichtslos erscheint, wenn er weiß, daß er durch sein Experiment eine Entscheidung fällen kann, nicht die Entscheidung, ob eine Theorie richtig oder falsch ist, sondern *ob ein groß und kühn angelegter Versuch zum Eindringen in die Natur auf richtigem oder falschem Wege vorgetragen wird*, ob das Denken noch auf sicherer Grundlage der Naturforschung geblieben. Dieser theoretischen Anfeuerung, welche die Kritik des Naturforschers und seinen Ehrgeiz bis zum äußersten reizt, verdankt die Physik vieles; aus neuerer Zeit sei nur auf PASCHENS Feinstrukturmessungen, auf JOOS' und TOMASCHEKS Wiederholung des Michelson-Versuches hingewiesen, denen sich Dutzende von Beispielen an die Seite reihen ließen.

Auch auf anderen Gebieten als dem der Materiebeugung haben die Grundvorstellungen der Wellenmechanik fruchtbar gewirkt; ihnen ist es unmittelbar zu verdanken, daß man die Umwandlung der Atomkerne mit experimentellen Mitteln versuchte, die nach „klassischer“ Auffassung als unzureichend gelten mußten. Ihr folgten die Entdeckungen des Positrons und des Neutrons, von Elementarbestandteilen, die bei reinen Forschungsexperimenten *ohne* theoretischen Anstoß gefunden wurden, weiterhin neue Kernumwandlungen, die rein experimentelle Erforschung des Neutrons[1]: Unaufhörlich wurde die Theorie vor neue Tatsachen gestellt, und es nimmt nicht wunder, daß sie durch die unerwarteten Erfolge kühnster Experimente zu gleich kühnen theoretischen Folgerungen verlockt wurde, deren letzte und vielleicht kühnste, die Proklamierung des „Neutrinos“, von FERMI stammt, dessen experimentelle und theoretische Tätigkeit zu unser aller Freude erst kürzlich durch Verleihung des Heidelberger Ehrendoktor eine so auserlesene deutsche Anerkennung fand.

Ich wiederhole nochmals: Wir wissen nicht, wie sich diese Entwicklung, dieses Gemisch sonderbarster experimenteller Entdeckungen und phantasievollster Hypothesen, einmal konsolidieren wird, noch weniger, was spätere Generationen als anschaulich bezeichnen werden. Beurteilen können wir nur die Gegenwart, und hier sehen wir, daß der experimentellen Forschung noch nie eine so bedeutungsvolle und führende Aufgabe gestellt war wie heute, und daß sie diese nur nach den bewährten Prinzipien unserer großen Meister erfüllen kann durch strengstes Wahrheitsbedürfnis und sauberstes Arbeiten, durch offene Augen und weiten Blick auf alle nur möglichen Zusammenhänge. Und wem die Theorie zu selbstherrlich vorkommt, der soll sie in ihre Schranken weisen *durch experimentelle Arbeit*, deren Tochter sie ist und bleibt, solange exakte Wissenschaft das Ziel ihrer Arbeit ist.

II. Die Strahlungsgesetze von Kirchhoff über Planck zu Bohr.

Als nächstes Beispiel wählen wir die Entwicklung der Strahlungsgesetze, von denen wir oben sagten, daß ihre Kombination mit

[1] Es ist selbstverständlich, daß man schon früher die Frage eines „Neutrons“ hypothetisch diskutierte (RUTHERFORD u. a.). Dies hatte aber weder auf das Suchen nach dem Neutron, noch gar auf die Methode zu seiner Auffindung einen tieferen Einfluß.

der neuen inneratomistischen Forschung eine so fruchtbare Mischung ergab. *Zu Anfang und zu Ende steht die Erscheinung der Linienspektren,* jener elementaren Äußerung der Atome; Ausgangspunkt sind eine quantitative Beobachtung und ein Experiment. FRAUNHOFER stellte durch die von ihm erdachte Wellenlängenmessung fest, daß zwei starke dunkle Linien im Sonnenspektrum die gleiche Lage im Spektrum haben wie zwei helle (gelbe) Linien einer Kochsalzflamme. KIRCHHOFF entdeckte im Laboratoriumsversuch, daß im kontinuierlichen Spektrum eines hellglühenden Körpers zwei dunkle Linien im Gelb auftraten, wenn dessen Licht vor dem Spektralapparat durch eine mit *Kochsalz gelb*gefärbte Flamme hindurchging.

Hieran schlossen sich zunächst zwei Folgerungen, welche im Laufe der Jahre eine immer größere Bedeutung gewannen: Die Spektralanalyse zur Erkennung kleinster Mengen von Elementen in irdischen Lichtquellen, und die spektrale Analyse der Himmelskörper von der Sonne bis zu den fernsten Nebeln, die *experimentelle Methode,* welche die Astrophysik begründete. Zwar gab es vor KIRCHHOFF und BUNSEN, welch letzterer sich an den spektralanalytischen Versuchen beteiligte, soweit sie chemische Probleme betrafen, schon eine Anzahl von Physikern, welche in gleicher Richtung sich bemühten und nach der Veröffentlichung der Arbeiten von KIRCHHOFF und BUNSEN Prioritätsansprüche geltend machten. Es ist in der Tat so — wenn man rückschauend um Jahrzehnte ältere Arbeiten von HERSCHEL, TALBOT, WHEATSTONE, FOUCAULT, SWAN u. a. verfolgt — daß manche der *Einzelbeobachtungen* KIRCHHOFFs und BUNSENs über Emission *und* Absorption schon vorher gemacht waren, daß man auch schon an die richtige Erklärung *dachte,* und zwar sowohl bezüglich der Anwendung der Emissions-Spektralanalyse für die Erkennung von Spuren chemischer Elemente als auch bezüglich der Absorption der Spektrallinien für die chemische Analyse der Sonnenatmosphäre (ÅNGSTRÖM, STOKES); sogar die allgemeine Frage nach dem Zusammenhang zwischen Emission und Absorption der „dunklen Wärmestrahlen" trat schon vorher auf (STEWART). KIRCHHOFF[1] hat in einer ausführlichen kritischen Bearbeitung aller dieser Vor-

[1] Pogg. Ann. **118**, 94—111 (1863). S. auch W. GERLACH, E. RIEDL u. W. ROLLWAGEN, Die chemische Spektralanalyse 1860 und 1935. Metallwirtsch. **14**, H. 7, 125—132 (1935).

gänger von seinen und BUNSENs Entdeckungen Stellung genommen zu der Frage, wer der Entdecker der chemischen Spektralanalyse und des allgemeinen Gesetzes über Emission und Absorption (s. u.), ja, wer ganz allgemein als wissenschaftlicher *Entdecker* zu bezeichnen ist: Der, *welcher eine Frage in ihrer Allgemeinheit*[1] *stellt und mit Bestimmtheit beantwortet.* Allein die Tatsache, daß „Analyse durch Spektralbeobachtungen" *unmittelbar nach* der Abhandlung von BUNSEN und KIRCHHOFF reiche Anwendung fand und Entdeckungen veranlaßte, zeigt klarer als textkritische Untersuchungen, wem das Verdienst zukommt, dieses Prinzip in seiner Allgemeinheit zuerst „umfassend behandelt und dadurch zu allgemeiner Wichtigkeit gebracht" zu haben[2].

Obgleich die Spektralanalyse sich auf chemischem Gebiete sofort in der Entdeckung neuer Elemente fruchtbar erwies, dauerte es noch Jahrzehnte, bis sie sich zu einem zuverlässigen und wissenschaftlich und technisch anwendungsreichen Verfahren entwickelte, ebenso wie die aufschlußreiche Verwendung der astrophysikalischen Spektralanalyse erst in unsere Zeit fällt. Der Grund für diese merkwürdig lange Zeit zwischen Begründung der Methode und ihrer allgemeinen Verwendung ist hier klar zu ersehen: es fehlte das theoretische Verständnis für die Vorgänge der Emission und Absorption der Spektrallinien, das erst nach der experimentellen Durchforschung der Spektra und ihrer theoretischen Verbindung mit der Atomforschung erlangt wurde. Erst als hierdurch die Einordnung der Spektralforschung in die allgemeine Physik vollzogen war, erwies sie sich auch für die allgemeine Naturforschung als brauchbar und wertvoll.

Wir kehren nun zu dem KIRCHHOFFschen Versuch über die Erzeugung der FRAUNHOFERschen Linien im Laboratorium zurück, der die Grundlage für die zunächst rein theoretische Entwicklung der Strahlungsforschung ist. KIRCHHOFF variiert die Versuchsbedingungen und findet den Einfluß der Temperatur des Strahlers und der Temperatur der absorbierenden Flamme auf die Erscheinung und entwickelt nun „aus den allgemeinen Grundsätzen der

[1] Vgl. hierzu die auf S. 59 zitierte Äußerung von AVOGADRO!

[2] Mit diesen Worten charakterisiert LENARD in einem ähnlichen Fall der Geschichte der physikalischen Entdeckungen das Verdienst FARADAYS um die Entdeckung des Diamagnetismus (LENARD, Große Naturforscher. 2. Aufl. S. 224), dessen *Beobachtung* auch schon älter war.

mechanischen Wärmetheorie ... durch sehr einfache theoretische Betrachtung ... die Konsequenzen, die sich an diese Tatsache knüpfen lassen". Hierzu bedurfte es gewisser physikalischer Annahmen, nämlich „sich einen Körper als *möglich* vorzustellen, der von allen Wärmestrahlen nur Strahlen *einer* Wellenlänge aussendet und nur Strahlen *derselben* Wellenlänge absorbiert"; ferner einen vollständig reflektierenden Spiegel. Hiermit ist die Art dieser Theorie gekennzeichnet: Ein spezielles Experiment wird rein theoretisch zu einem generell gültigen Gesetz ausgebaut durch eine idealisierende, aber experimentell denkbare Annahme und im Vertrauen auf die allgemeine Gültigkeit der Grundsätze der Thermodynamik auch für die Strahlungsenergie. Das Ergebnis ist das erste Strahlungsgesetz[1] über das für alle Körper gleiche Verhältnis von Emissions- und Absorptionsvermögen, das nur von Temperatur und Wellenlänge abhängt und das dann ohne eine andere neue physikalische Überlegung, als die, daß nun Körper betrachtet werden, welche *alle* Strahlen absorbieren, durch mathematische Folgerung zu dem Begriff der *Hohlraumstrahlung* führt, mit deren Verwirklichung und Untersuchung die neue experimentelle Entwicklung der Strahlungsgesetze beginnt. Vollständig verloren ging dabei der Ausgangspunkt: Die Emission und Absorption von Atom- oder Linienspektren. Erst mehr als 50 Jahre später wurde diese Vereinigung in der BOHRschen Theorie wieder vollzogen, wenn auch das Problem selbst immer wach blieb.

Der nächste Schritt vorwärts in der Entwicklung ist weder ein „experimenteller" noch ein „theoretischer"; er besteht in der Aufstellung einer empirischen Interpolations*formel* durch STEFAN. Zahlreiche Messungen über die Wärmestrahlung fester Körper von MELLONI, DE LA PROVOSTAYE und DESAIN, CHRISTIANSEN, ERICSON und DRAPER, TYNDALL, hatten die starke Variation der Gesamtstrahlung von Metallen mit der Temperatur ergeben und den Einfluß der Oberflächenbeschaffenheit auf die Intensität aufgezeigt. DULONG und PETIT suchten den Wärmeverlust durch Strahlung so zu ermitteln, daß sie die Abkühlung eines Glasthermometers mit bloßer und mit versilberter Kugel maßen und aus dem Unterschied eine Zahlenbeziehung ableiteten, in welcher die

[1] Als Kuriosum sei angeführt, daß es keine exakte experimentelle Bestätigung des KIRCHHOFFschen Gesetzes gibt, bei welcher beide Voraussetzungen — gleiche Temperatur und gleiche Wellenlänge — erfüllt sind.

Temperatur im Exponenten steht. I. STEFAN[1], aufmerksam gemacht durch einen Hinweis WÜLLNERs[2] auf die starke Temperaturabhängigkeit der Strahlung von erhitztem Platin, ging zu einem anderen Prinzip der Darstellung über: er suchte in den vorliegenden Messungen nach einer einfachen Beziehung[3] zwischen Strahlungsintensität und absoluter Temperatur. Es ist ein glücklicher Zufall gewesen, daß DULONG und PETITs Messungen mit Glas ausgeführt waren innerhalb eines Temperaturbereiches, in welchem Glas „adiatherman" ist, also nach KIRCHHOFFs Gesetz auch als vollkommener Strahler angesehen werden kann[4]. Die einfachste Darstellung, die STEFAN fand, war eine Formel, in welcher die Strahlung durch die Differenz der vierten Potenz der absoluten Temperaturen gegeben ist. Auch die Platinstrahlungsversuche bei hoher Temperatur ließen sich recht gut durch die gleiche Beziehung darstellen — wie wir heute wissen, viel zu gut, denn Platin befolgt *nicht* in so weiten Grenzen (100—1600°) das T^4-Gesetz, weil sein Emissionsvermögen von der Wellenlänge abhängt und außerdem war die damals (1877!) benutzte Temperaturskala wesentlich falsch: STEFAN hatte hier Glück! Die überraschendste Folgerung, die STEFAN aus seiner Formel zog, betraf die Temperatur der Sonne: Statt des Wertes von 1661—1761°, auf welchen DULONG und PETIT durch Extrapolation ihrer Formel gekommen waren, errechnete STEFAN 5586°[5].

5 Jahre später gelingt BOLTZMANN die überaus einfache Ableitung dieses „STEFANschen Gesetzes" durch *Kombination des zweiten Hauptsatzes mit dem Maxwellschen elektromagnetischen Strahlungsdruck*, wobei allerdings die wichtige Vorarbeit von BARTOLI[6], welche von BOLTZMANN schon weitergeführt war, nicht

[1] Wien. Ber. **79**, Abt. II, 391—428 (1879).

[2] Lehrbuch d. Exp.-Physik **3**, 216 (1871).

[3] STEFAN „leitete" kein „Gesetz" ab, sondern er fand eine Formel; genau so wie BALMER nicht das Gesetz der Spektralemission des H-Atoms, sondern eine Formel fand.

[4] Ich habe das einmal nachgeprüft: In der Tat strahlt Glas bis über 200° fast vollständig schwarz.

[5] Mit dem T^4-Gesetz, der Größe von 0,4 cal für die von 1 qcm schwarzer Fläche von 0° gegen 0° abs. ausgestrahlte Energie und dem Emissionsvermögen der Sonne = 1.

[6] BARTOLI zieht schon den Druck der Strahlung im Hohlkörper heran, aber nicht den von MAXWELLs Theorie gegebenen zahlenmäßigen Zusammenhang mit der Energie auf Grund der elektromagnetischen Theorie.

vergessen werden darf, so daß auch diese Ableitung, so einfach sie uns *heute* erscheint, erst in drei Schritten gelang. Offenbar war sich BOLTZMANN zuerst sogar wenig klar über die Richtigkeit der Anwendungen des zweiten Hauptsatzes auf die „strahlende Wärme", denn er sagt, daß, obwohl seine Ansicht noch nicht endgültig ist, er doch einige Überlegungen mitteilen möchte, um andere zu weiterer Verfolgung dieser Gedanken anzuregen.

Ich möchte die Gelegenheit nicht vorübergehen lassen, um nachdrücklich auf diesen Satz hinzuweisen; es scheint mir oft bei der Beurteilung von Veröffentlichungen vergessen zu werden, daß diese nicht nur den Zweck haben, eigene Erkenntnis zu verbreiten, sondern auch die Mitarbeit und das Mitdenken anderer Fachgenossen zu veranlassen. Wenn man seine Ansicht so gut überlegt hat, als man kann, so soll man auch den Mut zur Mitteilung haben; und diese soll um so früher erfolgen, je wichtiger der Gegenstand erscheint. „Ich denke", sagt MAXWELL einmal, „daß ein so fundamentales Problem nach allen Seiten durchforscht und nachgeprüft werden muß, so daß so viel Menschen als nur möglich instand gesetzt werden, der Beweisführung zu folgen". In Zeiten schnellen Fortschreitens der Entwicklung bedingt diese öffentliche Diskussion eine starke Zunahme der sog. theoretischen Publikationen, worüber geteilte Meinungen herrschen. Ich sehe hierin nur ein Zeichen gesteigerter wissenschaftlicher Tätigkeit und kann in der Verlegung der Diskussion schwieriger Probleme unter Herausarbeitung des physikalischen Kerns in die Öffentlichkeit keinen Nachteil erblicken, sicher aber einen Vorteil gegenüber einer allzu privaten Diskussion, aus welcher dann leicht Publikationen hervorgehen, in welchen man die *Entwicklung der physikalischen Gedanken* nicht mehr verfolgen kann. Die unausbleibliche Folge würde sein, daß in Jahren eine philologische Physik mit text-kritischer Betrachtung entsteht, was der Autor wohl meinte.

Sonst scheint mir das nicht wieder erlangbar, was heute in der Tat vielfach verloren gegangen ist, daß weitere Kreise der Physiker an den Gedankengängen spezieller Entwicklung wenigstens passiv Teil haben können. Grundbedingung ist hierfür, neben einer strengen wissenschaftlichen Erziehung, das ernste Bestreben des Theoretikers, nicht „eine Theorie aufzustellen", sondern die Naturerkenntnis zu fördern. Und dies verlangt, daß der *Theoretiker sich auch um die experimentelle Wirklichkeitsseite seines Problems kümmert.* In seinen Schreibtisch sollte MAXWELLs Wort eingegraben sein: „Es wird — hoffe ich — ersichtlich sein, daß ich nicht eine *physikalische* Theorie einer Wissenschaft aufzustellen suche, in welcher ich kaum ein einziges Experiment gemacht habe!" Nicht *hemmen* soll das seine Phantasie, sondern *zügeln.*

Doch kehren wir zurück zu den Strahlungsgesetzen. Heute[1] spricht man wohl mit Recht von dem „STEFAN-BOLTZMANNschen Strahlungsgesetz", denn STEFANs Formel ist ein Produkt glücklicher Zufälle und BOLTZMANNs theoretische Überlegungen, die in der ersten Kombination von Thermodynamik und Elektrodynamik für die Strahlungsforschung bestehen, hätten auch ohne experimentelle Vorarbeit dies Gesetz ergeben. Die experimentelle Bestätigung dieses STEFAN-BOLTZMANNschen Gesetzes ist erst viel später erfolgt, zu einer Zeit, als schon die weitere Entwicklung der Strahlungstheorie dieses Gesetz als unumstößliche Tatsache hinnahm. Und seine eine Grundlage, die MAXWELLsche Beziehung für den mechanischen Druck einer elektromagnetischen Strahlung, konnte sogar erst in neuester Zeit[2] quantitativ bestätigt werden!

Ende der achtziger Jahre beginnt die Untersuchung der „KIRCHHOFFschen Funktion", der Verteilung der Strahlungsenergie im Spektrum eines festen Körpers als Funktion der Temperatur des Strahlers.

LANGLEY war der erste, welcher sie experimentell zu ermitteln suchte. Er fand qualitativ die späteren Strahlungsgesetze; auch fand sich bald eine mit seinen Ergebnissen übereinstimmende Theorie (H. F. WEBER), bis PASCHEN zeigte, daß LANGLEYs Messungen im wichtigsten Teil, der Wellenlängenfestlegung, nicht richtig waren, somit auch nicht durch eine richtige Theorie bestätigt werden konnten! Übereinstimmung von Theorie und Experiment braucht also kein Beweis für die Richtigkeit beider zu sein! Während PASCHEN das allgemeine Problem, die Strahlung erhitzter Gase und fester Körper, angriff, richteten andere Physiker ihr Augenmerk auf einen besonderen Strahler, den schon nach KIRCHHOFF, besonders aber nach BOLTZMANNs und WIENs theoretischen Arbeiten besonders ausgezeichneten „vollkommen

[1] Früher nicht; z. B. steht in W. WIENs Arbeiten „Stefansches Gesetz".

[2] 1923! — 50 Jahre nach MAXWELLs Theorie. Der Gedanke des Strahlungsdrucks tritt schon in KEPLERs Kometenwerk auf (1619). Z. Physik **15**, 1 (1923).

schwarzen Körper“. Denn nur für ihn konnte nach BOLTZMANN das T^4-Gesetz für die Gesamtstrahlung und das einfache WIENsche Verschiebungsgesetz gelten. Es unterliegt somit keinem Zweifel, daß die erste Phase der Entwicklung der Strahlungsgesetze *ihre Richtung durch die Theorie* erhielt, indem sie auf die einfachste und damit physikalisch wesentlichste Strahlungsart hinwies, und daß fast alle früheren Strahlungsmessungen, denen dieser theoretische Gesichtspunkt fehlte, trotz ihrer experimentellen Mannigfaltigkeit für das eigentliche physikalische Problem bedeutungslos wurden.

So war klar, daß die Bestätigung beider Gesetze als Folgerungen einer Verbindung von Thermodynamik mit der elektromagnetischen Theorie der Strahlung von größter prinzipieller Bedeutung war; eine zweite Triebfeder war das technische Problem der Lichtverbesserung[1], welches unter diesem theoretischen Gesichtspunkte angegriffen wurde und bis heute noch — wenn auch von ganz anderer Seite her — immer neue Nahrung aus der Wissenschaft bezieht.

Von ausschlaggebender Bedeutung wurde eine experimentelle Idee: Nach der Strahlungstheorie von KIRCHHOFF ist die Strahlung eines Körpers, der alle auf ihn fallende Strahlung absorbiert, also nichts hindurchläßt oder reflektiert, besonders ausgezeichnet; die „schwarze Strahlung“ ist allein abhängig von der Temperatur, also unabhängig von der Natur des Körpers. Eine solche Strahlung bildet sich im Innern eines Hohlraumes aus, dessen Wände ringsum gleiche Temperatur haben, ganz unabhängig von jeder materiellen Bedingung, Größe, Form oder Substanz der Wände. Macht man in die Umwandung eines solchen Hohlraumes ein Loch, dessen Größe noch bestimmten Bedingungen genügt, so tritt aus ihm die Strahlung aus[2], welche man mit KIRCHHOFF als „vollkommen

[1] W. WIEN u. O. LUMMER, Wied. Ann. **56**, 451 (1895). „Um diese für die *Technik* wie für die *Wissenschaft* gleichwichtige Frage einwandfrei beantworten zu können, muß man erst die Strahlung eines absolut schwarzen Körpers studieren und Methoden ausfindig machen, die den idealen schwarzen Körper ersetzen.“

[2] Man schreibt diese Idee O. LUMMER u. W. WIEN zu [Wied. Ann. **56**, 451 (1895)]. Tatsächlich hat BOLTZMANN sie zuerst beschrieben und auch experimentell verwirklicht; Wied. Ann. **22**, 35 (1884), heißt es: „. . . *experimentelle* Untersuchungen der Wärmestrahlen, indem ich die Strahlung eines rings mit gleichtemperierten Wänden umgebenen Raumes aus einem kleinen Loche dieser Wände für die eines schwarzen Strahlers substituierte.“ In diesem Zusammenhang sei auf eine interessante Stelle in der „Abhandlung

schwarze Strahlung" des „vollkommen schwarzen Körpers" bezeichnet[1]. Man hat an dieser Wortbildung öfters[2] Anstoß genommen. Wenn man aber die zahlreichen naturphilosophischen Abhandlungen über das „Schwarze", angefangen von den Arabern über GOETHE bis zur Neuzeit, da sich auch der Experimentalpsychologe dieses „Problems" angenommen hat, beachtet, so kann man doch der Physik keinen Vorwurf machen, wenn sie dem — wie uns die genannten philosophischen Arbeiten lehren — offensichtlich recht vielseitigen Wortbegriff „schwarz" einen sehr konkreten physikalischen Inhalt gibt. Warum soll der Pfarrer von der schwarzen Seele, ein Physiker aber nicht von dem schwarzen Körper sprechen dürfen!

Dieser „schwarze Körper" gestattet also die Untersuchung der Strahlung an sich, unbeeinträchtigt durch materielle Eigenschaften des strahlenden Körpers, *ein geradezu idealer Fall der experimentellen Verifizierung einer vollkommenen Abstraktion*, eines theoretischen Begriffs. Die Entwicklung des Zusammenhanges von Strahlungsenergie mit der Temperatur und Wellenlänge führte so nicht zu zahlreichen Tatsachen, die erst zu ordnen waren, sondern direkt zum physikalischen Gesetz. Hierauf beruhen auch die Erfolge der Wärmestrahlungsforschung, die die ganze weitere physikalische Entwicklung so stark beeinflussen.

Den ersten Fortschritt brachten PASCHENS Messungen über die Strahlung erhitzter Körper mit der Feststellung, daß WIENS Verschiebungsgesetz um so genauer gilt, je mehr der Strahler die „schwarze" Eigenschaft hat. Die Gesamtheit seiner Messung führte zur Aufstellung einer empirischen Formel, die für den Fall der strengen Gültigkeit des Verschiebungsgesetzes eine einfache Form hat und welche kurz darauf, nachdem PASCHEN sie WIEN mitgeteilt hatte[3], durch letzteren auch eine theoretische Be-

---

über die Farben" von ABU MUHAMMAD ALI IBN HAZM AL-ANDALUSÎ aus dem 9. Jahrhundert hingewiesen: „Wir finden, wenn an der Wand eines geschlossenen Hauses 2 Löcher geöffnet werden und hinter das eine ein schwarzer Vorhang gehängt und das andere offen gelassen wird, daß der von der Ferne Hinblickende zwischen beiden keinen Unterschied machen würde." Vgl. E. BERGDOLT, Z. f. Semitistik **9**, 139 (1933).

[1] Diese Bezeichnung prägte G. KIRCHHOFF, Pogg. Ann. **109**, 275 (1860).

[2] z. B. W. WIEN, Nobelvortrag. J. A. Barth 1912, S. 5 und auch andere.

[3] F. PASCHEN, Wied. Ann. **58**, 455 (1896).

gründung erfuhr[1], worin er besonders auf den theoretischen Zusammenhang der PASCHENschen Konstanten mit dem Exponenten im STEFAN-BOLTZMANNschen Gesetz hinwies.

LUMMER und PRINGSHEIM erweiterten die Versuche und fanden Abweichungen, an deren Realität sie festhielten, obwohl von theoretischer Seite WIENs Formel als unbedingt richtig[2] bezeichnet wurde. Von verschiedenen Seiten wurden formelmäßige Darstellungen der LUMMER-PRINGSHEIMschen Strahlungskurven, die mittlerweile auch von KURLBAUM und RUBENS und dann von PASCHEN bestätigt wurden, versucht, als PLANCK zum zweiten Male eingriff, nachdem er vorher für WIENs Formel eingetreten war. Auch PLANCK „probiert" zunächst, aber er läßt sich im Gegensatz zu anderen Autoren sofort von einem bestimmten physikalischen Gesichtspunkt leiten. Er brachte die Energie des Resonators nicht mit seiner Temperatur, sondern mit seiner Entropie in Beziehung, und zwar ihrem zweiten Differentialkoeffizienten nach der Energie, „weil dieser eine direkte *physikalische* Bedeutung für den Energieaustausch zwischen Resonator und Strahlung besitzt". Mit anfänglich „noch phänomenologischer Orientierung"[3] berechnet er den Zusammenhang dieser Größe mit WIENs Spektralgleichung, und findet so, daß ihr reziproker Wert R proportional der Energie des Resonators ist. Diese Beziehung stimmte aber nur für die Messungen bei kleinen Energien, während die Messungen bei großer Energie zu einer Proportionalität von R mit dem Quadrat der Energie führten. Hiermit waren die Grenzen für eine Interpolationsformel gefunden. PLANCK setzte nämlich den oben genannten Wert R gleich der Summe zweier Glieder, von denen das erste proportional mit der Energie, das zweite mit dem Quadrat der Energie ist. Dieser Ansatz führt unmittelbar zur PLANCKschen Gleichung.

An einer anderen Stelle[4] weist er darauf hin, daß er „ganz willkürlich Ausdrücke für die Entropie konstruiert habe, welche allen

---

[1] W. WIEN, Wied. Ann. **58**, 662 (1896).

[2] Die Diskussion über dieses Strahlungsgesetz betraf nur die Methode der Ableitung, nicht die Endformel.

[3] Nach der Darstellung im Nobelvortrag. Leipzig: J. A. Barth 1920.

[4] M. PLANCK, Verh. dtsch. physik. Ges. **2**, 203 (1900); Schlußkapitel der „Wärmestrahlung" (Leipzig: J. A. Barth 1906), 1. Aufl., S. 220: „Dies ist der Weg, auf welchem ... das Strahlungsgesetz ursprünglich gefunden wurde."

Anforderungen der thermodynamischen und elektromagnetischen Theorie genügten", bis ihm „einer durch seine Einfachheit" aufgefallen wäre, der auch dem WIENschen an Einfachheit am nächsten kam. Dieser führt für R zu dem gleichen Ausdruck wie die oben genannte Interpolationsformel.

Diese Strahlungsformel stellte alle Versuchsergebnisse dar.

Hiermit war die Entwicklung der *Strahlungs*gesetze zu Ende, wenn man von einem späteren Bedenken NERNSTs und seiner Entkräftung durch eine wundervolle Präzisionsmessung von RUBENS absieht. Dreimal wurde ein Strahlungsgesetz zuerst experimentell gefunden, dreimal folgten ihnen grundsätzliche theoretische Überlegungen — aber für die Entwicklung des ganzen Problems war die KIRCHHOFFsche Theorie des schwarzen Körpers der rote Faden; genau 60 Jahre nach ihrer Aufstellung (1860—1920) war die Bearbeitung abgeschlossen und die Physik durch die Gesetze von STEFAN-BOLTZMANN, WIEN, PASCHEN-WIEN, LUMMER-PRINGSHEIM-PLANCK bereichert. Wie auf wenig anderen Gebieten der Physik, gilt für die ganze Entwicklung vom KIRCHHOFFschen Satz bis zum PLANCKschen Gesetz der Rat FARADAYs: „Laß der Phantasie die Zügel schießen, leite sie durch Urteil und Prinzipien[1] und lenke sie durch das Experiment".

Aber PLANCK begnügte sich nicht damit, eine Formel zu finden für die Strahlung des schwarzen Körpers; wie er beim Suchen nach ihr sich physikalisch führen ließ, so suchte er seiner Formel auch einen physikalischen Sinn zu geben. *Hiermit geht die Strahlungsformel über in die allgemeine Theorie der Strahlung*, folgend dem großen Zuge in der physikalischen Entwicklung zur Atomistik. Den allgemeinen Weg hatte besonders BOLTZMANN gewiesen, PLANCK betrat ihn mit einer neuartigen Idee: Wie die Materie auf die Atome, so soll die Strahlungsenergie auf die Oszillatoren atomistisch verteilt sein. Schon BOLTZMANN hatte in seiner Arbeit über die Einführung der Wahrscheinlichkeit in die Thermodynamik[2] die Annahme gemacht, daß jedes Gasmolekül nur „eine endliche Anzahl verschiedener lebendiger Kräfte anzunehmen" imstande sein soll. Es besteht aber ein grundlegender — weil physikalischer — Unterschied zwischen BOLTZMANN und PLANCK.

[1] Ich denke hier an die jahrelange Diskussion vor allem zwischen PLANCK, BOLTZMANN und WIEN über „Irreversible Strahlungsvorgänge".

[2] L. BOLTZMANN, Ges. Werke **2**, 164.

Mathematische Schwierigkeiten veranlaßten BOLTZMANN zu seiner Annahme. „Es entspricht diese Fiktion freilich keinem realisierbaren mechanischen Problem, wohl aber einem Problem, welches mathematisch viel leichter zu behandeln ist, und welches sofort wieder in das zu lösende Problem übergeht, wenn man p und q (das sind die die endliche Anzahl von bestimmten Geschwindigkeiten definierenden Zahlen) ins unendliche wachsen läßt“. Dieser Grenzübergang auf unendlich — auch schon früher von BOLTZMANN angewendet — ist eben einfacher durchführbar als die Rechnung mit unendlich, und diese Vereinfachung wird durch die vorübergehende Annahme einer „nichtrealisierbaren Fiktion“ erkauft.

Ganz anders bei PLANCKs Theorie der elektromagnetischen Strahlung. Die Gleichartigkeit des Problems — mathematisch gesehen! — der Verteilung der kinetischen Energie auf die Moleküle und der Schwingungsenergie auf Resonatoren, läßt „vermuten“, daß sich die durch die Energieverteilung bedingte Entropie „durch Einführung von Wahrscheinlichkeitsbetrachtungen, deren Bedeutung für den zweiten Hauptsatz der Thermodynamik L. BOLTZMANN zuerst aufgedeckt hat, in die elektromagnetische Theorie der Strahlung würde berechnen lassen“[1]. Aber nun kommt der Unterschied: Die zu verteilende Energie E wird nicht aus rechnerischen Gründen zunächst einmal fiktiv, sondern als konkrete physikalische Vorstellung als nicht unbeschränkt teilbare Größe angesehen: „Wir betrachten — und dies ist der wesentlichste Punkt der ganzen Berechnung — E als zusammengesetzt aus einer ganz bestimmten Anzahl endlicher, gleicher Teile“[2]. Diese Zusammensetzung ist quantitativ geregelt durch die „Naturkonstante h“, die mit der Schwingungszahl ν multipliziert, das Energieelement ε liefert. Die Zusammensetzung der Energie aus „Elementen“ oder, wie man später sagte, aus Licht- oder Strahlungsquanten, tritt hier also nicht als ein Kunstgriff zur mathematischen Behandlung des Problems, sondern gerade als physikalischer Kern einer neuartigen Betrachtungsweise in quantitativer Formulierung auf[3].

---

[1] M. PLANCK, Verh. dtsch. physik. Ges. **2**, 238 oben (1900).

[2] M. PLANCK, Verh. dtsch. physik. Ges. **2**, 239 unten (1900).

[3] W. OSTWALD, Lebenslinien **2**, 186ff. (Berlin: Klasing u. Co. 1927), schreibt aus seiner Erinnerung über ein Zusammentreffen mit BOLTZMANN und PLANCK auf der Naturforscherversammlung in Halle 1891: er habe

Wir sehen die beiden Schritte, mit denen PLANCK zu seinem Quantengesetz kam. Es ist nicht häufig, daß ein Autor einen solchen Einblick in seine Werkstatt zuläßt, wie es PLANCK hier tut; aber er gibt ein Lehrbeispiel, das sich mancher merken sollte, für die Entwicklung einer Theorie, die sich eigentlich in nichts von der Entwicklung eines Experimentes unterscheidet: nicht sinnloses Kombinieren von Zahlen, sondern sinnvolles Probieren unter einem leitenden physikalischen Gesichtspunkt! Gerade auf die grundsätzliche Gleichartigkeit des theoretischen und experimentellen *physikalischen* Arbeitens weise ich hier hin: Jeder, der ein Experiment entwickelte, hat schon so gearbeitet, daß er in „Verfolgung eines Gedankens" alle möglichen Kombinationen an seinem Versuch vornahm, bis ihm schließlich ein Versuchsergebnis durch seine Einfachheit auffiel.

So stand mit Beginn des Jahrhunderts die Quantenvorstellung als eine jede mechanische und elektromagnetische Analogie entbehrende und daher unanschauliche Hypothese da. Welche Umstände waren es, die ihr nachher bei den Experimentalphysikern eine so begeisterte Aufnahme sicherten? Sehr klar hat dies — bei aller Betonung des Hypothetischen — J. STARK[1] ausgesprochen: „Und wir müssen dem PLANCKschen Elementargesetz Dank wissen, daß es uns für die Ordnung bekannter und die Auffindung neuer Tatsachen so wertvolle Dienste leistet".

---

gegen BOLTZMANNS „Kinetik" Stellung genommen, weil sie kein einziges neues Einzelgesetz hervorgebracht hätte (im Gegensatz zur Thermodynamik). B. habe nichts erwidern können, sich aber auch nicht geschlagen erklärt. „Vielmehr unterstrich er seine Überzeugung von der Wahrheit der Atomistik mit doppeltem Nachdruck und sagte schließlich: ich sehe keinen Grund, nicht auch die Energie als atomistisch eingeteilt anzusehen." Ich konnte nirgends in B.s Schriften die Verfolgung dieser Idee finden, doch versichert OSTWALD, daß der Eindruck auf ihn so stark war, daß er sich nicht täusche. „Ob und wie M. PLANCK sich zu dem Gedanken äußerte, ist mir nicht im Gedächtnis geblieben; aber seine mutige und eigenartige Begriffsbildung der Quanten, die er später auf ganz anderem Boden entwickelt hat . . ." Ich unterstelle als wahr, daß B. diese Idee äußerte, aber es mag wohl in der Hitze des Gefechtes geschehen sein. Wie dem auch sei: PLANCK hat ja gar nicht schlechthin die „Energie als atomistisch" eingeteilt angesehen, sondern die quantitative Beziehung zwischen Schwingungserregung eines Resonators und seiner Energie aufgestellt. Und schließlich: Allein PLANCK hat diese neuartige Idee „umfassend behandelt und damit zur allgemeinen Wichtigkeit gebracht". Darauf kommt es aber an!

[1] J. STARK, Atomdynamik **2**, 180 (1911). Auch die dem Zitierten folgenden Sätze sind beherzigenswert!

Das strenge Verfolgen einer kühnen physikalischen Idee zeitigte diese Erfolge des „PLANCKschen Elementargesetzes": die Einordnung der elektromagnetischen Strahlungsvorgänge in die Atomistik und die einer neuartigen Betrachtungsweise zwangläufig folgende neuartige Denkweise und damit die Auffindung neuer Tatsachen. *Nicht in der Formel für die Strahlung des schwarzen Körpers, sondern in der Entwicklung, die ihr physikalischer Inhalt auslöste, sehen wir die Bedeutung dieser Theorie*, die vielleicht in Parallele zu setzen ist zu BOLTZMANNs Einordnung der Thermodynamik in die Atomistik, der sie ja auch mathematisch in der Methode der Rechnung gleicht. Es muß für den Nichtphysiker immer wieder betont werden, daß die Quantentheorie — wo man sie auch angreift, welches ihrer Entwicklungsstadien man betrachtet — voll von Rätseln ist. So mag es wohl verständlich sein, wenn es manchen befremdet, mit welchem Zutrauen die Physik die Grundlagen der Quantentheorie verwendet und an ihrer Grundanschauung festhielt, und dennoch ist, wie LENARD[1] einmal bemerkt, „von einer Theorie zu reden — nicht mehr von einer Quantenhypothese — berechtigt", weil *quantitative* Messungen der Energieumsetzung in den Atomen zu ihr führen und weil der Zusammenhang zwischen Strahlungsgesetz, Elementarquant der Elektrizität und Lichtgeschwindigkeit (und damit aller atomarer Konstanten!) durch die PLANCKsche Konstante „exakt nachprüfbar" ist. In der Tat, wo sich die Möglichkeit quantitativer Verfolgung von atomaren Energieumsetzungen bot, führte die Messung zahlenmäßig zu der PLANCKschen Konstanten. Die Anregung der Spektrallinien und ihre Seriengesetze, das kontinuierliche Röntgenspektrum und die hochfrequenten Spektrallinien, die Resonanzstrahlung, die Photochemie und der äußere und innere lichtelektrische Prozeß, die spezifische Wärme, die Bandenspektren und die innermolekularen Schwingungen, die Ionisierung der Atome und Moleküle — auf allen diesen Gebieten erwies sich der PLANCKsche Energieansatz brauchbar und fruchtbar. Der immer erneute Wunsch, die Sicherheit des experimentellen Nachweises der theoretisch geforderten quantitativen Beziehungen zu steigern, führte zur Ausarbeitung vorzüglichster Präzisionsmethoden, vor allem auf dem Gebiet der Röntgenwellenlängen.

---

[1] PH. LENARD, Große Naturforscher. 2. Aufl. München: J. F. Lehmann. S. 304.

Den vorläufigen Schlußstein dieser Entwicklung bildet BOHRS Theorie des Atombaues und der Spektrallinien, in der die Ergebnisse der Kathodenstrahlforschung und der durch sie angebahnten neuen Atomforschung unter Verwendung der radioaktiven Strahlungen mit der Atomistik der Strahlung kombiniert wurden. Hiermit kehrt die Strahlungsforschung zu der Erscheinung der Linienspektren zurück, von der sie 50 Jahre vorher ausgegangen war.

III. Das Ortho-Para-Wasserstoffproblem.

Eine der merkwürdigsten Entdeckungen der letzten Jahre ist die der beiden Wasserstoff*molekül*modifikationen, die man als Ortho- und Para-Wasserstoff bezeichnet. Sie bildet einerseits den Schlußstein einer langen Entwicklung über die experimentelle Untersuchung und theoretische Deutung der spezifischen Wärme des Wasserstoffes, in welche theoretische Gesichtspunkte seit der Entwicklung der Quantentheorie wiederholt richtungweisend für das Experiment eingriffen; andererseits ist diese Existenz zweier Modifikationen des H_2 auf Grund eines theoretischen *Prinzips* vorausgesagt worden, welches auf ganz anderem Boden, nämlich dem der quantentheoretischen Erklärung der Serienspektra des Heliums und des Atombaues, entstanden war.

PASCHEN und RUNGE hatten gefunden, daß das Spektrum des Heliums aus zwei ganz getrennten Spektralliniensystemen besteht und hieraus auf zwei Modifikationen des Heliumatoms geschlossen, welche sie Ortho- und Para-Helium nannten. Viele Jahre später griff PASCHEN dieses Problem von neuem an; mußte es doch sehr sonderbar erscheinen, daß das einfachste Edelgas 2 Modifikationen haben sollte. Es gelang ihm, zu zeigen, daß die eine Modifikation nur im elektrisch angeregten Heliumgas auftritt, also eine durch Elektronenstoß angeregte „metastabile“ Form des normalen (para) Helium ist. Mannigfache Versuche zur theoretischen Deutung (oder modellmäßigen Darstellung) dieses Befundes endigten in der Theorie, daß die beiden Modifikationen sich in der Stellung der magnetischen Achsen der beiden („rotierenden“) K-Elektronen des Heliums unterscheiden: Im Normalfall können sie nur antiparallel zueinander stehen, erst im angeregten Zustand, wenn das „Leuchtelektron“ eine andere Bahn eingenommen hat, ist auch die parallele Stellung (Orthomodifikation) möglich.

Mit der Entwicklung der experimentellen Forschung über das magnetische Moment der Atomkerne trat das gleiche Problem wie für die Anordnung der zwei *Elektronen* im Heliumatom für die Anordnung der zwei *Protonenkerne* im Wasserstoffmolekül auf, das in der Behandlung durch HEISENBERG[1] zu der Voraussage von 2 Wasserstoffmolekülen, des „symmetrischen" (ortho) und „antisymmetrischen" (para) Wasserstoffs, führte.

Doch wir wollen nun zuerst die andere Seite der Entwicklung betrachten. CLAUSIUS hatte mit molekulartheoretischen Anschauungen das alte Problem der spezifischen Wärme bei konstantem Druck und bei konstantem Volumen behandelt, aus deren Differenz ROBERT MAYER durch eine rein mechanisch-energetische (oder thermodynamische) Überlegung das mechanische Wärmeäquivalent errechnet hatte. CLAUSIUS fand für das Verhältnis der beiden spezifischen Wärmen 5/3, ein Wert, der den Messungen widersprach. Er folgerte, daß die atomistische Überlegung und Rechnung richtig sei, daß die Natur aber so einfache Moleküle, wie er sie angenommen hatte, nicht liefert, daß es wahrscheinlich sei, daß auch die einfachen Gase 2 Atome im Molekül enthalten. MAXWELL erhielt mit anderer Rechnung für zweiatomige Moleküle 4/3, ebenfalls im Widerspruch zu dem Experiment und verwarf seine Theorie. KUNDT und WARBURG fanden für Hg-Dampf experimentell 5/3 — aber man glaubte oder beachtete den Wert nicht. Wäre dies geschehen, so hätte sich wohl die ganze Entgleisung der „Energetik" vermeiden lassen, denn dann hätte ja der von OSTWALD immer vermißte Fall vorgelegen, daß die Atomistik eine mechanische Natureigenschaft berechnet hätte! Erst die Entdeckung der Edelgase lieferte weitere Gase, die sich so wie Quecksilberdampf verhielten; und BOLTZMANN zeigte, daß eine etwas andere Annahme über die Form der Moleküle, als MAXWELL sie benützte, den für die zweiatomigen Gase Wasserstoff, Stickstoff und Sauerstoff gefundenen Wert lieferte.

Die Annahme über die Form oder den Bau der Moleküle ist für das Ergebnis der Rechnung wesentlich, weil sie die Größe der Energie, welche — außer für die Translationsbewegung — für die Erhöhung der innermolekularen Bewegungen benötigt wird, bestimmt. Dieses Problem hat klassisch BOLTZMANN ausführlich behandelt. In einer Arbeit[2], die sich mit KOHLRAUSCHS c_p/c_v-

[1] Z. Physik **41**, 239 (1927). [2] Pogg. Ann. **141**, 473 (1870).

Messungen befaßt, schreibt er: „Auf diese Weise könnte vielleicht auch die Beantwortung der Frage versucht werden, wie rasch die Umsetzung der progressiven Bewegung der Moleküle in Bewegung der Atome gegeneinander (sog. intramolekulare) geschieht. Es ist zwar nicht wahrscheinlich, aber immerhin nicht außerhalb des Bereiches der Möglichkeit, daß diese Umsetzung eine längere Zeit beansprucht.“ Es dürfte interessant sein, jetzt auf diese Bemerkung hinzuweisen, da gerade dieses alte Problem in neuester Zeit durch unerwartete Ergebnisse bei der Schallfortpflanzung in Gasen aktuell geworden ist (wobei, nebenbei bemerkt, die späte Entwicklung der experimentellen Akustik sich in den Dienst der modernen Atomistik stellt!).

Die Behandlung der intramolekularen periodischen Schwingungen nach der Quantentheorie und damit das Eindringen der Quantentheorie in die Theorie der spezifischen Wärme verlangten eine genaue Kenntnis der spezifischen Wärme des Wasserstoffes bei tiefen Temperaturen. EUCKENs Messungen (1912) stimmten aber entgegen der Erwartung mit keiner der versuchten theoretischen Ableitungen auf Grund des Quantenansatzes überein.

Die Entwicklung der *Theorie* der Bandenspektra brachte eine neue Möglichkeit zur Ermittlung des Trägheitsmomentes der Moleküle, welche Größe für die Rotationsenergie derselben ausschlaggebend ist. Erst 1927 gelang es HORI[1], die Wasserstoffmolekülspektren richtig zu analysieren und damit diese molekulare Größe zu bestimmen. Gleichzeitig ergaben sich im Experiment auffällige Periodizitäten in der Intensität der Banden. DENNISON[2] hatte die entscheidende Idee: Der für die Spektraluntersuchungen benützte Wasserstoff besteht aus 2 Modifikationen im Verhältnis 1 : 3, die sich bei höherer Temperatur unmerklich langsam miteinander ins Gleichgewicht setzen.

Hiermit ist der Zusammenhang mit der *rein* theoretischen Entwicklung des Problems erreicht: DENNISONs H_2-Modifikationen sind HEISENBERGs antisymmetrischer und symmetrischer Wasserstoff, die Para- und Ortho-Modifikation. Die experimentelle Herstellung reinen Parawasserstoffs durch Adsorption gewöhnlichen Wasserstoffs an Kohle bei 20° abs. gelang BONHOEFFER und

---

[1] Z. Physik **44**, 834 (1927).

[2] Proc. roy. Soc. Lond. **115**, 483 (1927); vgl. auch HUND, Z. Physik **42**, 93 (1927).

HARTECK[1]. Daß der bisher unverständliche Verlauf der spezifischen Wärme des Wasserstoffs bei tiefer Temperatur — so wie DENNISON angenommen hatte — auf der Mischung aus Ortho- und Paramolekülen beruht, wurde fast zu gleicher Zeit durch Anreicherungsversuche von EUCKEN und HILLER gezeigt. Damit ist das dunkle Kapitel des Wasserstoffproblems aus der Wissenschaft gestrichen und an seine Stelle eine weitgehend gesicherte Kenntnis der beiden H_2-Isomeren getreten. Aus der sich jetzt anbahnenden experimentellen Entwicklung scheint mir eine Entdeckung von besonderer Bedeutung zu sein, die eine neuartige Verbindung von Physik und Chemie betrifft; es ist dies die Umwandlung von Para- in Ortho-Wasserstoff durch solche Ionen, welche ein magnetisches Moment haben: Hier sind magnetische Kräfte bestimmend für eine Isomerieumlagerung, welche selbst auf Änderung der Orientierung magnetischer Achsen beruht.

Ich habe dieses Gebiet hier behandelt, weil in ihm die theoretische Entwicklung in allen Phasen die ausschlaggebende Rolle spielte. In ihr mangelt es nicht an Fehlschlüssen und falschen Spekulationen; aber sie ist ein Beispiel dafür, daß die heutige Theorie doch mehr enthält, als spezielle Hypothesen und offenbar sogar recht umfassende Prinzipien, welche in weite Gebiete der Atom- und Molekularphysik eingehen. Die bisherigen Erfolge ermutigen dazu, auch komplizierte chemische Probleme damit zu behandeln. Ein erster Versuch ist in neuester Zeit von O. SCHMIDT[2] gemacht worden, periodische Regelmäßigkeiten in dem Verhalten langer organischer Ketten so zu verstehen. Hier liegt ein Anfang vor, auch die bisher noch rein erfahrungsmäßige organische Chemie der großen Moleküle mit physikalischen Prinzipien zu durchdringen.

IV. Chemie.

Zu Beginn der modernen, d. h. der exakten Naturforschung, gingen Chemie und Physik Hand in Hand. Es war die Zeit, als die erste Aufgabe der exakten Wissenschaft zu lösen war: Die quantitative Erforschung der unserer Beobachtung *unmittelbar* zugänglichen Naturerscheinungen, ohne vorerst nach inneren Beziehungen zu fragen oder sich bestimmte Vorstellungen davon zu machen. Es war dies, von höherer Warte besehen, ein Rückschritt gegen die Alchemie, die in ihrer Ganzheitsbetrachtung dem einzelnen Ding

[1] Naturwiss. **17**, 182 (1929). [2] Z. Elektrochem. **42**, 175 (1936).

wenig, dem inneren Zusammenhang aber um so größere Bedeutung zuschrieb, je allgemeiner er nicht nur die anorganische, sondern auch die organische und lebende Natur miteinander verknüpfte. Der Mangel an objektiven Kenntnissen sowie an Möglichkeiten zur eindeutigen Charakterisierung der Materie und zur Erkennung der gleichen Materie in verschiedener Erscheinungsform hatten aber der Phantasie zu weit die Zügel schießen lassen, so daß als Reaktion die materielle Kleinforschung kommen mußte.

Aber sobald nur die ersten chemischen Kenntnisse zusammengefaßt waren in den Gesetzen der konstanten und der multiplen Proportionen — oder besser in den Formeln[1], weil sie nur experimentelle Messungen in algebraischer Form verbanden —, entwickelten sich die Versuche, diese einfachen experimentellen Verhältnisse aus einer allgemeinen Anschauung über die Materie zu „verstehen". Abstraktionen unerhörter Weite sind die DALTONsche Atomtheorie und das AVOGADROsche Gesetz, das bei AMPÈRE auf Grund einer meines Erachtens schöneren Ableitung zur gleichen Zeit erscheint[2]. AVOGADRO geht von GAY-LUSSACS Volumenmessungen bei Gasreaktionen aus und sucht die *einfachste Annahme* für den Zusammenhang der Zahl der Moleküle mit dem Volumen, welche die experimentell gefundene Beziehung liefert. Er begegnet hier der Schwierigkeit, welche aus der Annahme des Wärmestoffes kommt, mit einer Hypothese, welche von diesem einfach nichts merken läßt (im Gegensatz zu DALTON!). AMPÈRE geht von einer allgemeinen *physikalischen* Vorstellung über die Umwandlung fester Körper in den dampfförmigen Zustand aus und leitet aus dem so erhaltenen „AVOGADROschen Gesetz" die Gay-Lussac-Versuche ab. Es ist dies wohl der erste Fall, daß grundsätzliche *physikalische* Überlegungen auf chemische Probleme angewendet wurden. AMPÈRE sagt hierzu: „Welches auch immer die theoretischen Gründe sein mögen, die die Annahme (über den Verdampfungsvorgang) stützen, so kann man sie doch nur als eine Hypothese betrachten; aber wenn sie beim Vergleich der sich notwendigerweise aus ihnen ergebenden Schlüsse mit den Erscheinungen und Eigenschaften, die wir beobachten, mit allen an der

[1] Denn eine „Erklärung" erhielten diese Beziehungen, die noch durch das Phlogiston getrübt waren, erst mit dem Einbau des Valenzbegriffs in die allgemeine Atomistik.

[2] AMPÈRES Brief an BERTHOLLET. Ostwalds Klass. Nr. 8, S. 24, unten.

Erfahrung gewonnenen Ergebnissen übereinstimmt, wenn man aus ihr Schlüsse zieht, die sich durch nachherige Untersuchungen bestätigt finden, so wird sie einen Grad von Wahrscheinlichkeit erlangen, der sich dem nähert, was man in der Physik Gewißheit nennt."

Auch Avogadro schließt seine Ableitung mit einer grundsätzlichen Bemerkung über das Ziel einer Theorie: „Beim Lesen dieser Abhandlung wird man im allgemeinen wahrnehmen, daß viele Punkte unter unseren einzelnen Ergebnissen und denen Daltons sich in Übereinstimmung befinden, wiewohl *wir von einem allgemeinen Prinzip ausgegangen* sind und Dalton *sich nur nach vereinzelten Erwägungen* gerichtet hat; die Übereinstimmung spricht zugunsten *unserer* Hypothese[1]."

Ich führe hier diese Worte an, weil sie anläßlich der ersten tieferen wissenschaftlichen Berührung zwischen Physik und Chemie ausgesprochen, heute noch in vollem Umfang als unsere Meinung über die Entwicklung, das Ziel und die Bedeutung von Theorien in der exakten Wissenschaft bestehen. Und auch das war damals schon so wie heute: vielen war diese Theorie viel zu weitgehend — man wollte z. B. die notwendige, bei Avogadro und Ampère in gleicher Weise auftretende Folgerung, daß die Moleküle der einfachsten Gase Wasserstoff, Sauerstoff usw. aus 2 Atomen bestehen, nicht anerkennen —, vor allem standen ihr die Ansichten Daltons entgegen, und so blieb das Avogadrosche Gesetz ein Menschenalter ohne Einfluß auf die Entwicklung der Chemie. Noch länger dauerte es, bis ein zweites Mal eine ähnlich grundlegende Beziehung zwischen chemischer und physikalischer Atomistik aufgefunden wurde, diesmal zum direkten Nutzen der Physik: es ist die Folgerung, die Helmholtz auf Grund der Faradayschen Gesetze der Elektrolyse aus der Atomistik der Materie auf die Atomistik der Elektrizität zog.

Wir können es heute schwer verstehen, daß es trotz der Versuche von Hittorf solange gedauert hat, bis es zu dieser Schluß-

[1] Nach der Übersetzung in Ostwalds Klass. Nr. 8, S. 22. Das Wort „unserer" ist von mir hervorgehoben, da es sich offensichtlich nicht auf das Avogadrosche Gesetz selbst bezieht, sondern auf die eingangs von Avogadro eingeführte allgemeine Hypothese über den Wärmestoff, womit er sich in Gegensatz zu Dalton setzt, dessen Annahmen *nicht* zum Avogadroschen Gesetz führen.

folgerung kam. Der Grund mag sein, daß die Entwicklung der Elektrizitätsforschung völlig unter dem Einfluß der MAXWELLschen Theorie stand, in welcher das „Elektronenproblem" fehlt. Auch hatte sich chemische Forschung mehr und mehr von der physikalischen Atomistik getrennt entwickelt, und wenn die beiden auch nicht gerade feindliche Brüder waren, so waren sie doch auch keine zärtlichen Verwandten. Die Chemie ging auf in den stofflichen Problemen und entwickelte eine eigenartige Theorie, welche aber immerhin praktische Erfolge zeitigte von einem Ausmaß, wie sie keine andere wissenschaftliche Entwicklung aufweisen kann. Was man früher als Theorien der Valenz und der Bindung bezeichnete, waren nichts anderes als Umschreibungen mittels grobsinnlicher Vorstellungen und Analogieschlüssen. Daher konnte sich die Physik mit ihnen nicht befreunden, da sie den Wert einer Atomtheorie nicht nur nach ihren Erfolgen, sondern auch nach der inneren Verbundenheit mit der allgemeinen Atomistik beurteilte; und letztere fehlte eben völlig, ihre Bedeutung lag wesentlich darin, daß sie eine besonders große Zahl von Einzelergebnissen grundsätzlich *gleicher* Art geordnet übersehen ließ. Erst in neuester Zeit ist hier, auf dem ureigensten Gebiet der Chemie, der Zusammenschluß mit der Physik erreicht. Wir sahen schon am Beispiel des Wasserstoffes, wie die neueste Entwicklung der theoretischen Physik mit Erfolg eingriff in die chemische Forschung. Bekanntlich ist dies nicht das einzige Beispiel. Die Verwendung der Quantentheorie des Atombaues (KOSSEL), die Möglichkeit, die homöopolare Bindung nach *allgemeinen* Prinzipien, die sich in der Physik schon bewährten, zu verstehen, die Übertragung der physikalischen Erkenntnisse über die Beugung[1] von Röntgenwellen und Elektronenwellen auf die Ermittlung der Struktur der Moleküle durch DEBYE, MARK, WIERL u. a., die Verwendung der Theorie der Bandenspektren zur Strukturforschung und die Photochemie: dies alles scheinen uns Beispiele zu sein, welche nicht nur allgemein einen Fortschritt in Richtung auf eine einheit-

[1] Es handelt sich hierbei nicht einfach um die Verwendung experimenteller Verfahren der neuen Physik, sondern um Anwendungen grundsätzlicher theoretischer Betrachtungen über die Wechselwirkung zwischen elektromagnetischen und Materiewellen mit Atomen und Molekülen. Man muß — was leider oft nicht beachtet wird — unterscheiden zwischen der Benutzung physikalischer *Verfahren* und der Verwendung *der* physikalischen Forschungs*methode*.

liche Erfassung unserer Naturerkenntnisse anbahnten, sondern die auch der vielseitigen Verwertung der Chemie neues Blut zuführten.

Aber nicht nur fern der physikalischen Atomistik, sondern fern der thermodynamischen Theorie hatte sich die Chemie entwickelt — und zweifellos nicht zu ihrem Nutzen. NERNST gibt in seinem Lehrbuch[1] ein klassisches Beispiel: Die Theorie BERTHELOTs, daß jede chemische Umsetzung in der Richtung verläuft, bei welcher die größte Wärmemenge frei wird, wurde „nicht nur zum leitenden Prinzip der Thermochemie, sondern der gesamten chemischen Mechanik erhoben", und erhielt sich „vier Dezennien" (seit 1867), obwohl die theoretische Physik immer wieder Einspruch dagegen erhob. Überhaupt hat es nicht an thermodynamisch fundierten Theorien der Chemie gefehlt, aber ins Denken des Chemikers hielten sie erst in der Neuzeit Einzug als theoretische (physikalische) Chemie.

Es ist unmöglich, die Fortschritte hier anzuführen, welche die chemische Wissenschaft der Berücksichtigung allgemeiner physikalischer Theorien verdankt. Nirgends kommen sie mehr zum Ausdruck als in der chemischen Industrie, die hierdurch in weiten Bereichen auf eine völlig neue Basis gestellt wurde. An die Stelle des Mixens und Kochens sind theoretisch errechnete Verfahren getreten, die auf den der Thermodynamik eigenen Begriffen von Druck und Temperatur beruhen. Und es ist kein Zufall, daß der Begründer des vielleicht bekanntesten technischen Verfahrens von HABER-BOSCH vor diesen Arbeiten eine „Technische Elektrochemie auf theoretischer Grundlage" und eine „Thermodynamik technischer Gasreaktionen" schrieb.

Hiermit sind wir, ohne es ursprünglich zu wollen, von dem Problem der Entwicklung der Naturwissenschaften auf das Gebiet der technischen Belange gekommen.

V. Theorie und Technik.

Es ist nun einfach eine Tatsache, daß die Probleme der Naturwissenschaft aus dem Bereiche der reinen Forschung in zunehmendem Maße in die Öffentlichkeit getreten sind und sich in Lebenswerte umsetzen; hinsichtlich der Physik und Chemie geht dies neuerdings so schnell, daß bald ein Mangel an Aufgaben für die

[1] 6. Aufl. 1909, S. 692.

Technik eintreten wird, wenn die Forschung nicht neue Gebiete erschließt. Diese immer engere Verbindung von Wissenschaft und Technik, von wissenschaftlicher Forschung und technischer Entwicklung bringt es mit sich, daß das Problem der Bedeutung von Theorie und Hypothese auch ein Problem der *technischen Entwicklungsbereitschaft* geworden ist. Mit einer Besprechung dieser Frage betreten wir vom Gebiet der reinen Forschung aus das Gebiet, auf welchem die Wissenschaft in unmittelbare Beziehung zum Leben tritt, auf welchem also weltanschauliche Fragen der verschiedensten Art ins Spiel kommen. Das gilt ebensowohl für die Physik und Chemie wie für die Übertragung der Erkenntnisse aus der theoretischen Biologie auf Heilkunde, Vererbungs- und Rassenfragen: Die *Richtung* dieser Anwendung kann, wird oder muß nach weltanschaulichen Beweggründen geleitet werden. Doch dieses steht heute nicht zur Diskussion; was uns interessiert, sind die *Bedingungen*, unter welchen die wissenschaftliche Erkenntnis und ihre Vorstufen in der Technik zur Anwendung kommen. Und da nicht nur alt-ausgearbeitete klassische Physik, sondern gerade auch modernste Forschung technische Verwendung findet, Forschungsgebiete, deren wissenschaftliche Behandlung noch durchaus im Flusse ist, so daß von einer Durcharbeitung, geschweige denn einer theoretischen Fundierung nicht gesprochen werden kann, so besteht auch die grundsätzliche Frage nach der Bedeutung einer Theorie oder Hypothese für den Fortschritt der Technik.

Für die gesamte Elektrotechnik — mag sie nun Dynamos oder Transformatoren, Fernhör- oder Fernsehapparate bauen — ist die Maxwellsche Theorie mit allen ihren mathematischen Beziehungen und Folgerungen das tägliche Brot. Ich will unseren Ingenieuren nicht zu nahe treten — aber sicherlich werden viele die Formeln besser anwenden als die Theorie ableiten können. Das ist die wunderbare Eigenart festgebundener, mathematischer Formeln, daß man sie handhaben kann wie ein Werkzeug, dessen Herstellungsart unbekannt ist. Man kann weder durch Überlegung noch durch das Experiment feststellen, wie eine Spule oder eine Leitung für einen bestimmten Zweck dimensioniert sein muß, welche Oberwellen auftreten und welche Intensität sie haben: aber man kann es rechnen; deshalb hat sich auch eine eigene technisch-theoretische Physik entwickelt, in welcher vor allem Näherungsformeln hervorstechend sind.

Diese Aussagen betreffen wohl in erster Linie solche Gebiete, die *in sich* physikalisch zu Ende entwickelt sind, aber keineswegs ausschließlich solche. Ich will nur an die Verwertung der Theorie der Gasentladung in Lampen und Gleichrichtern, in Röntgen- und Verstärkerröhren erinnern, auf welche sich eine große Industrie aufbaute, ohne daß ihre Theorie bis heute selbst in wesentlichen Punkten als endgültig zu betrachten ist. Man braucht nur die Patentliteratur aus der Zeit der modernen Entwicklung der Gasentladungsphysik, die im Anschluß an die Quantentheorie einsetzte, zu verfolgen, um die Bedeutung von Arbeitshypothesen, von allgemeinen und verallgemeinernden theoretischen Vorstellungen für die Technik zu verstehen. Nicht nur jede neue experimentelle Beobachtung, sondern auch jeden neuen theoretischen Gesichtspunkt sieht man hier aufgegriffen zur Stellung neuer, zur Lösung älterer technischer Aufgaben: Wirkungsquerschnitt, Ausbeutefunktion, Übergangswahrscheinlichkeit, Elektronentemperatur findet man in wissenschaftlichen Hypothesen wie in Patentansprüchen. *Ein durch Beschäftigung mit wissenschaftlichen Hypothesen verfeinertes Gefühl* für tiefere Zusammenhänge wird in die Lage versetzen, einer Patentanmeldung, die Neuland betritt, mit größerer Wahrscheinlichkeit den richtigen Umfang zu geben, als ein an der Einzelbeobachtung klebender Geist. Solche Gesichtspunkte können von erheblicher nationaler Bedeutung sein. *Deshalb ist die Behandlung aller neuen Hypothesen im Unterricht ein nationales Erfordernis*, deshalb kümmert sich die Technik in allen Kulturländern um die Entwicklung der gesamten Forschung: In jeder Idee und Hypothese kann der Keim einer neuen technischen Entwicklung liegen; wer sie zuerst auffaßt, wer sich zuerst in sie hineingedacht hat, der wird auch zuerst mit ihr etwas erreichen, wenn nur ein Körnchen Wahrheit darinsteckt. Wollte man warten, bis jeder Gedanke hieb- und stichfest, jede Hypothese zur gesicherten Theorie, jede Theorie zu einer anschaulichen Begriffsbildung ausgebaut ist, so wäre ein anderer längst zuvorgekommen. Dies ist der Grund, daß unsere Industrie heute nicht nur Zweckforschung treibt, sondern die wissenschaftliche Entwicklung aktiv mitverfolgt.

Noch ein anderer Gesichtspunkt spielt in der Technik in gleicher Weise eine Rolle wie in der Wissenschaft: eine noch so kühne und unbeweisbare Hypothese — wenn sie nur für die experimentelle Führung brauchbar ist — bringt eine konzentrierte und geordnete Durchforschung und damit eine Beschleunigung der Entwicklung, die in der Technik manchmal ausschlaggebend ist.

Auch einen Beweis vom Negativen her gibt es für die Bedeutung der Theorie in der Technik: Das ist die Verwertung der Eigenschaften ferromagnetischer Körper. Bis heute fehlt eine allgemeine physikalische Theorie des Ferromagnetismus, bis vor kurzem gab es sogar nur wenige spezielle Ansätze zu einer solchen. Dabei liegen seit Jahrzehnten unzählige experimentelle Beobachtungen vor, von denen einige technisch verwertbar waren. Aber die Möglichkeit, das für einen bestimmten elektrotechnischen Zweck geeignete Material herzustellen, besteht erst, seit die experimentelle Forschung durch die sich entwickelnde Theorie systematisiert werden konnte, weil letztere den Zusammenhang mit molekularen Eigenschaften aufdeckte.

In noch einer Beziehung spielen theoretische *Prinzipien*, soweit als möglich bewiesene, aber eben doch extrapolatorisch verallgemeinerte Grundsätze der Physik eine ausschlaggebende Rolle, wenn sie nämlich die überhaupt *erreichbaren Grenzen* für einen technischen Arbeitsgang festlegen.

Die Leistungen einer Dampfmaschine, eines Verbrennungsmotors sind thermodynamisch begrenzt; es ist nicht vernünftig, versuchen zu wollen, diese Grenzen zu überschreiten.

Wenn wir heute erklären, daß die Entwicklung der elektrischen Glühlampe grundsätzlich ihr Ende erreicht hat, da kein Metall höhere Temperaturen als der Wolfram-Draht verträgt und eine Verbesserung des Lichtes von Temperaturstrahlern hinsichtlich der Sonnenähnlichkeit und des Nutzeffektes *nur* durch Temperatursteigerung erzielt werden kann, so stützen wir uns hierbei auf die Gültigkeit der Strahlungsgesetze und halten deren Aussagen für so sicher, daß wir jeden Versuch für sinnlos halten, der sie nicht berücksichtigt.

Die neueste Entwicklung der Lichttechnik geht in der Richtung, die Strahlung elektrisch angeregter Gase praktisch zu benutzen. Die Physik hat gelehrt, daß die Hauptstrahlung fast aller Gase im Ultraviolett liegt, also für unser Auge nicht sichtbar ist. Mit Hilfe verschiedener molekularer Vorgänge, die man als Fluorescenz und Phosphorescenz bezeichnet, gelingt es, die kurzwellige Strahlung in langwellige zu transformieren. Hierbei ist ein sehr hoher Nutzeffekt wahrscheinlich. Die Quantentheorie lehrt aber, daß man *keinen hohen* Nutzeffekt erhalten kann, selbst, wenn *jedes* ultraviolette Quant in ein sichtbares Lichtquant verwandelt wird: Die Ultraviolettquanten sind nämlich im umgekehrten Verhältnis der Wellenlänge größer als die sichtbaren, so daß jede Umwandlung einen beträchtlichen Energieverlust bedeutet. Niemand zweifelt daran, daß diese *theoretisch* begründete Grenze besteht.

VI. Die Wege der exakten Forschung.

Es war — das soll nochmals betont werden — nicht unsere Aufgabe, über das *Wesen* von Experiment und Theorie zu sprechen. Es sollte gezeigt werden, wie sich die Erkenntnisse der exakten Wissenschaft durch die Wechselwirkung der Arbeitsweisen, welche wir mit Experiment und Theorie bezeichnen, entwickelten. Wir versuchen nun, die Entwicklungswege, die wir im Laufe unserer Betrachtungen kennenlernten, etwas zu klassifizieren.

An die Spitze stellten wir die:

1. Aufstellung einer *Formel* unter engster Anlehnung an quantitativ-experimentelle Messungen. Als Beispiel haben wir das STEFANsche Strahlungs„gesetz" kennengelernt. Es fehlt jeder Versuch einer Verknüpfung dieser Formel mit anderen Gesetzen oder einer begrifflichen oder modellmäßigen Erläuterung oder Ausdeutung der Zahlenbeziehung. Die experimentelle Forschung wird gewöhnlich diesen Weg zuerst gehen, denn er gewährleistet die zur Erkennung der Natur notwendige Unvoreingenommenheit. Aber die wissenschaftliche Forschung darf mit der Gewinnung funktionaler Zusammenhänge nicht haltmachen, da diese als *solche ebenso „formal" sind wie mathematische Relationen*, wenn auch erstere oft sehr praktische Bedeutung haben (z. B. Abhängigkeit einer Eigenschaft von der Temperatur, vom Magnetfeld usw.). Streng genommen enthält jede solche Abhängigkeitsformulierung schon eine Extrapolation, *also eine Hypothese.* Auch garantiert die Gültigkeit einer solchen Formel innerhalb der Meßgenauigkeit *nicht* die Richtigkeit der Formulierung. „Voraussagen" sind häufig möglich, sowohl spezieller Art, wie die extrapolatorische Berechnung der Sonnentemperatur von STEFAN, oder allgemeiner Form, wie RYDBERGS Kombinationsprinzip zur Aufstellung der Spektralserien.

Dieser rein empirischen Forschung und deskriptiven Wissenschaft steht als anderes Extrem gegenüber die abstrakte Arbeitsweise, die

2. Aufstellung eines gedanklichen theoretischen Systems ohne experimentelle Unterlagen. Als Beispiel nannten wir DE BROGLIEs System der Wellenmechanik. Ein Teil der *Physik* wird ein solches System erst, wenn es experimentell begründet oder wenigstens in Zusammenhang mit dem experimentell begründeten Weltbild gestellt ist. „Voraussagen" sind Hypothesen, die ebensogut falsch wie richtig sein können. Heuristische Bedeutung gewinnt ein solches System, wenn es auch ohne allgemeine oder spezielle experimentelle Unterlagen eine neuartige Betrachtungsweise einführt, die zu neuartiger experimenteller Fragestellung führt, oder wenn es auch nur eine, sonst unverbunden mit der Physik dastehende experimentelle Tatsache in neue allgemeine Gesichtspunkte einordnet. („Wellenlängenbestimmung" bei der Materiebeugung.)

Zwischen diese beiden Extreme ordnen sich alle die Theorien und Hypothesen, Erklärungsversuche bekannter und Voraussagen neuer Erscheinungen ein, die in der hier betrachteten Entwicklung moderner Gebiete Bedeutung hatten, nämlich:

3. Die Benützung experimentellen Materials zur Entscheidung zwischen verschiedenen möglichen Folgerungen aus Grundtheorien und darauffolgender Versuch einer physikalischen Deutung. Typus ist PLANCKs Strahlungsformel, die durch die physikalische Deutung der Energiequanten zum Quantengesetz wurde. Auch die BOHRsche Theorie zählt hierzu. Hiermit ist nicht nur eine Voraussage spezieller Erscheinungen verbunden, sondern oft auch eine grundsätzlich neue Auffassungsart.

Dieser Entwicklungsmöglichkeit von der theoretischen Seite her gleicht die von der experimentellen Seite herkommende, wenn:

4. Forschungsexperimente auf Grund bislang anerkannter Grundvorstellungen nicht mehr verständlich sind, sondern grundsätzliche Änderung der Vorstellung verlangen. Dieser Fall liegt bei LENARDs Diskussion der Durchlässigkeit der Materie für Kathodenstrahlen vor (und auch bei seiner Entdeckung des lichtelektrischen Grundgesetzes, daß die Energie der ausgelösten Elektronen nicht von der kalorischen Energie, sondern von der Frequenz des Lichtes abhängt). Die theoretischen Versuche sind hier von vornherein mit dem Experiment gekoppelt.

Unabhängig vom Experiment entwickelt sich:

5. Eine Theorie, welche sich als mathematische Folgerung aus Kombinationen anerkannter Grundsteine verschiedener Gebiete ergibt. Die Beispiele hierfür sind sehr zahlreich, wir lernten kennen die BOLTZMANNsche Ableitung des Gesetzes der Gesamtstrahlung und WIENS Verschiebungsgesetz. Auch die Übertragung der Quantentheorie vom Gebiet der Strahlung auf das der spezifischen Wärme gehört hierher. Hieraus abgeleitete Gesetze sind Extrapolationen und verlangen eine unmittelbare physikalisch-experimentelle Prüfung.

Die Vielgestaltigkeit der Aufgaben, welche die Natur dem Forscher stellt, aber auch *Zufälligkeiten in der Entwicklungsfolge* können die Grenzen dieser 5 Fälle gegeneinander verschieben. *Jede naturwissenschaftliche Forschungsart arbeitet mit Hypothesen,* die den Bereich der vorliegenden und oft auch den der erreichbaren Erfahrung überschreiten; Stagnation oder gänzlich unerwartete Erscheinungen — Augenblicke der Gefahr in einer Entwicklung — können jedes Mittel erlaubt sein lassen, um aus Schwierigkeiten einen Ausweg zu suchen: daß in jeder *Entwicklung* Experiment und Theorie gleichartig und gleichberechtigt sind, ändert nichts daran, daß *dem Experiment die letzte Entscheidung zukommt.* Je größer dieses „Austauschintegral" in der Molekülbildung von Experiment und Theorie ist, desto sicherer wird das Weltbild, desto ökonomischer wird es erreicht. Hierin sehen wir das Wesen der exakten Forschung! —

Schluß.

Zum Schluß müssen wir noch einer anderen Bedeutung gedenken, welche die in unserer Zeit sich mehrenden Versuche haben, *umfassende naturwissenschaftliche Hypothesen* aufzustellen. Ein Versuch zu einer solchen Synthese verlangt Spekulationen: Wer nicht den Versuch macht, über die Mauer zu sehen, wird nie etwas erblicken; nur darf der Versuch nicht schon für eine Erkenntnis gehalten werden!

Die Heilkraft einer Quelle wurde der Menschenfreundlichkeit einer Nymphe zugeschrieben. Jahrhundertelang wird von den einen ihre Heilkraft erprobt, von den anderen als Aberglaube verspottet. Dann tritt die materialistische Meinung auf, daß es ein Stoff, nicht ein Geist ist, der dem Wasser seine Wirkung verleiht. Es folgt die chemische Analyse, und man ermittelt besondere Bestandteile, denen man die Wirkung zuschreibt. Man schließt als selbstverständlich, daß man dieses Heilwasser auch synthetisch herstellen kann; aber der Erfolg bleibt aus. Man erkennt, daß es nicht nur auf die chemische Bruttozusammensetzung ankommt, sondern auch auf die Art der Verteilung der wirksamen Stoffe. Die erste Theorie war richtig, aber sie war unvollständig. Dann kommt das dritte Problem, das der Heilwirkung. Zunächst wieder die empirische Ermittlung, welche Leiden beeinflußt werden. Die nächste Frage betrifft die Vorgänge, welche durch die Bestandteile des Wassers im Körper ausgelöst werden, ob sie chemischer oder physikalischer Art sind, Reaktionen oder Zustandsänderungen. Es folgt die Frage, wo diese vor sich gehen, ob sie am Krankheitsherd angreifen, ob sie zu Änderungen der Zusammensetzung oder der Funktionen führen usw. Jede Frage enthält eine Arbeitshypothese, eine Spekulation. Jede Lösung, die sich findet, birgt den Keim neuer Probleme, oft sogar eine neuartige Fragestellung in sich.

Aus der Quellennymphe ist eine Wissenschaft geworden mit zahlreichen Spezialdisziplinen.

Vergleichen wir hiermit die Entwicklung des Problems der Atomistik. Die materielle Fassung des Atombegriffes und die PROUTsche Hypothese, daß alle Atome aus gleichen Bestandteilen zusammengesetzt sind, erschien den einen als die Lösung des Problems der Materie, andere bekämpften sie als reine Phantasiegebilde. Aber sie brachten die Forschung in Bewegung. Die experimentelle Verwendung der unfaßbaren Atome in der Chemie, die Entwicklung der atomistisch-kinetischen Theorie der Materie benutzten die Atome als unteilbares Ganzes. Die Verschiedenartigkeit des Verhaltens verschiedener Atome wirft die Frage nach ihrem Bau auf. Man dringt ins Innere der Atome ein und zerspaltet sie in elektrische und materielle Bestandteile, man analysiert die einen und die anderen, man findet oder folgert Zusammenhänge mit elektrischen, thermischen und mechanischen Eigenschaften, mit der Erregung von Licht und Strahlung. Immer neue Entdeckungen und theoretische Versuche, sie schon Bekanntem zu- oder unterzuordnen, verlangen neue Kombinationen, deren jede experimentell und gedanklich für sich weiterentwickelt werden muß, bis jede *den* Umfang der Kenntnisse und Erkenntnisse und *den* Grad von Sicherheit erreicht hat, der zur Erledigung der Ausgangsfrage erforderlich ist.

So wächst die Spezialisierung, so *muß* sie wachsen. Die Zahl der Einzeltatsachen wächst um so schneller, je besser die technischen Hilfsmittel sind, und deren Entwicklung wird wieder durch neue Errungenschaften der Forschung gefördert. *Je größer die Zahl der Einzelkenntnisse wird, um so wahrscheinlicher ist es, daß tiefere Gesichtspunkte sich zeigen*, und um so größere Sicherheit werden die aus ihnen gezogenen Schlüsse haben.

So ist — so sonderbar es für den Außenstehenden auch klingen mag — die Ausdehnung der Forschung in die Breite und die durch die begrenzte menschliche Leistungsfähigkeit bedingte Verteilung der Forschung auf viele, das oft kritisierte, mit Einseitigkeit verwechselte Spezialistentum, *innerlich verbunden mit einer unerhörten Konzentration* auf ein bestimmtes Ziel: *Die Synthese der exakten Wissenschaft.*

Wer von außen her die Entwicklung der Naturwissenschaften betrachtet, mag glauben, die Fülle der Entdeckungen sei für unsere heutige Zeit das Charakteristikum. Wer aber in der Forschung steht, der weiß, daß *diese Mehrung der Kenntnisse* weit weniger bedeutet als *die Vertiefung der Erkenntnisse*, als die vor wenigen Jahrzehnten noch ungeahnte Synthese, die sich vollzogen hat und noch weiter vollzieht. Allein äußerlich: Die Zeit, da die Physik zu den „mathematischen Wissenschaften" gehörte, ist vorbei[1]; wir sehen heute eine innere Vereinigung von Physik, Chemie, Astronomie, Mineralogie und schon einigen Bereichen der organischen Welt, der Biologie, und diese erstreckt sich nicht nur auf das Technische, sondern gerade auf die Forschungsmethode.

Es ist keinem von uns gegeben, begründet zu ahnen, wie spätere Jahrhunderte über unser Weltbild denken werden; aber eines ist sicher: mit welchem Urteil und mit welcher Kritik spätere Menschen unsere Zeit betrachten werden, sie wird ihnen erscheinen als die Epoche einer ersten großen Synthese des Naturwissens auf exaktwissenschaftlicher Grundlage. Die heute manchem ins Auge fallende Aufteilung der Forschung in die unzähligen Zweige der mühsamen Einzelforschung wird beim Urteil über das Erreichte ebenso nebensächlich erscheinen, wie wir beim Anblick der großen Dome nicht danach fragen, wer die Steine gestaltete und zusammenfügte, *deren jeder einzelne doch einen Meister seines Faches verlangte.*

[1] Die Mathematik als *Hilfsmittel* der Naturerforschung ist nach wie vor von hoher Bedeutung.

Wir glauben uns nicht darin zu täuschen, daß diese Arbeit an der Synthese des Weltbildes deshalb heute fortschreitet, weil Experiment und Theorie einen brauchbaren Weg der Zusammenarbeit gefunden haben und weil die Überzeugung sich Bahn gebrochen hat, daß die Naturwissenschaft letzten Endes nur durch Beschäftigung mit der Natur und nicht durch bloßes Denken gefördert werden kann, daß man die Theorie nicht für das eigentlich Existierende hält. Diese Gefahr besteht heute wie früher, und BOLTZMANN sagte, als er auf sie hinwies, daß er diese üblen Folgen ihres Bannes an sich selbst erfuhr. Aber auch die umgekehrte Gefahr, dem den Sinnen *unmittelbar* Zugänglichen zuviel Gewicht zu geben, muß gebannt werden.

Das große Ziel, die Natur zu erforschen, soweit sie nur uns zugänglich ist, und dann die Bereiche der Zugänglichkeit Schritt für Schritt nach Breite und Tiefe zu erweitern, verlangt den Einsatz aller menschlichen Fähigkeiten, deren Schlechteste die Phantasie nicht ist. Ihr die Zügel schießen zu lassen und sie zu zügeln, sie durch das Experiment zu kontrollieren und neu anzuregen, der ewige *„Konflikt der Denkkraft mit der Anschauung"*, jene *Auseinandersetzung zwischen Intuition und Empirie*, ist die Grundlage des forschenden Menschen, für welchen in übertragenem Sinne KOLBENHEYERS Wort vom Deutschen Geist gilt:

„Es ist kein Volk wie dieses, das keine Götter hat, und ewig danach verlangt, den Gott zu schauen."